Dimitrios Kolymbas

Pfahlgründungen

Mit 57 Abbildungen

Springer-Verlag Berlin Heidelberg NewYork
London Paris Tokyo Hong Kong 1989

Dr.-Ing. habil. Dimitrios Kolymbas
Institut für Bodenmechanik und Felsmechanik
Universität Karlsruhe
Kaiserstraße 12
7500 Karlsruhe 1

CIP-Titelaufnahme der Deutschen Bibliothek
Kolymbas, Dimitrios:
Pfahlgründungen / Dimitrios Kolymbas.
Berlin ; Heidelberg ; NewYork ; London ; Paris ; Tokyo ; Hong Kong : Springer, 1989
ISBN 978-3-540-51281-3   ISBN 978-3-642-52329-8 (eBook)
DOI 10.1007/978-3-642-52329-8

Die Wiedergabe von Gebrauchsnamen, Handelsnamen, Warenbezeichnungen usw. in diesem Werk berechtigt auch ohne besondere Kennzeichnung nicht zu der Annahme, daß solche Namen im Sinne der Warenzeichen- und Markenschutz-Gesetzgebung als frei zu betrachten wären und daher von jedermann benutzt werden dürften.

Sollte in diesem Werk direkt oder indirekt auf Gesetze, Vorschriften oder Richtlinien (z.B. DIN, VDI, VDE) Bezug genommen oder aus ihnen zitiert worden sein, so kann der Verlag keine Gewähr für Richtigkeit, Vollständigkeit oder Aktualität übernehmen. Es empfiehlt sich, gegebenenfalls für die eigenen Arbeiten die vollständigen Vorschriften oder Richtlinien in der jeweils gültigen Fassung hinzuzuziehen.

2160/3020-543210 – Gedruckt auf säurefreiem Papier

Vorwort

Das vorliegende Buch entstand in der Übergangsperiode zwischen der DIN 4014 aus
den Jahren 1975 bzw. 1977 und der neuen DIN 4014, die z.Z. noch als Entwurf vorliegt.
Es wurden daher im Text beide Normen berücksichtigt. Für viele in der Literatur
angegebene Tabellen wurden analytische Näherungen eingeführt, die heutzutage mit
Taschenrechner leicht ausgewertet werden können und daher Inter- und Extrapola-
tionen erleichtern. Es ergibt sich dadurch eine Abweichung von den Tabellenwerten,
die aber oft hinnehmbar ist, da auch diese auf Erfahrung beruhende Näherungen
sind. Die theoretischen Grundlagen der dynamischen Pfahlprüfung werden im Anhang ausführlich behandelt, da sie im Bauingenieur-Grundstudium üblicherweise nicht
angeschnitten werden.

Mehr als in anderen Gebieten des Bauingenieurwesens sind im Bereich der Pfahlgründungen algebraische Formeln eher der Ausdruck von örtlich begrenzten Erfahrungen
als das Resultat einer strengen mathematischen Analyse (wie z.B. bei der Balken-
biegungstheorie). Ihre Gültigkeitsanforderung ist somit relativ. Vielfach werden im
Text mehrere alternative Formeln (lies: Erfahrungen) und Zahlen angegeben, ohne
daß es möglich ist, ihren Gültigkeitsbereich und ihre gegenseitigen Vorzüge und Nach-
teile genau abzugrenzen. Der Leser sollte daraus ein möglichst breites Spektrum von
Erfahrungswerten entnehmen und dann seine Wahl unter Beachtung und Abwägung
aller Besonderheiten des konkreten, ihm vorliegenden Problems treffen.

Für wertvolle Hinweise danke ich Herrn Prof. Dr.-Ing. G. Gudehus und Herrn
Dr. Dipl.-Ing. M. Stocker. Für die sorgfältige Darstellung des Textes und der Compu-
terbilder danke ich Herrn cand. ing. H. Hügel und für die Durchführung zahlreicher
Korrekturarbeiten Herrn cand. ing. F.-J. Frömbgen.

Juni 1989   Dimitrios Kolymbas

Inhaltsverzeichnis

1 Pfahlarten

1.1 Einführung

Pfähle sind wichtig zur Einleitung von Bauwerkslasten in tiefere, tragfähige Schichten. Pfahlgründungen sind recht teuer, aber sie stellen oft eine wirtschaftliche Alternative zu Flachgründungen dar. Beispiele für die anfallenden Mengen sind: 2 300 Stück Fertigbetonpfähle für Schulen im Irak (Züblin); 750 Großbohrpfähle (ø 2,10 m, Tiefe bis zu 70 m) für eine Brücke in Nigeria (Bilfinger+Berger). In Holland werden ca. 1 Mio (genauer: 900 000) Pfähle pro Jahr hergestellt, davon 250 000 Holzpfähle, 250 000 Fertigbetonpfähle, 150 000 Spannbetonpfähle, 100 000 Ortbetonpfähle, 100 000 Schnekkenbohrpfähle. Amsterdam ist zu 99,1 % auf Pfählen (mittlere Länge 15,7 m) und Rotterdam zu 99,6 % auf Pfählen (mittlere Länge 17,3 m) gebaut. Die Gesamtlänge aller bis 1974 in Schweden eingebauten Pfähle beträgt 2 950 km. In den Bildern 1.1a bis 1.1c sind Anwendungsbeispiele für Pfahlgründungen zusammengestellt.

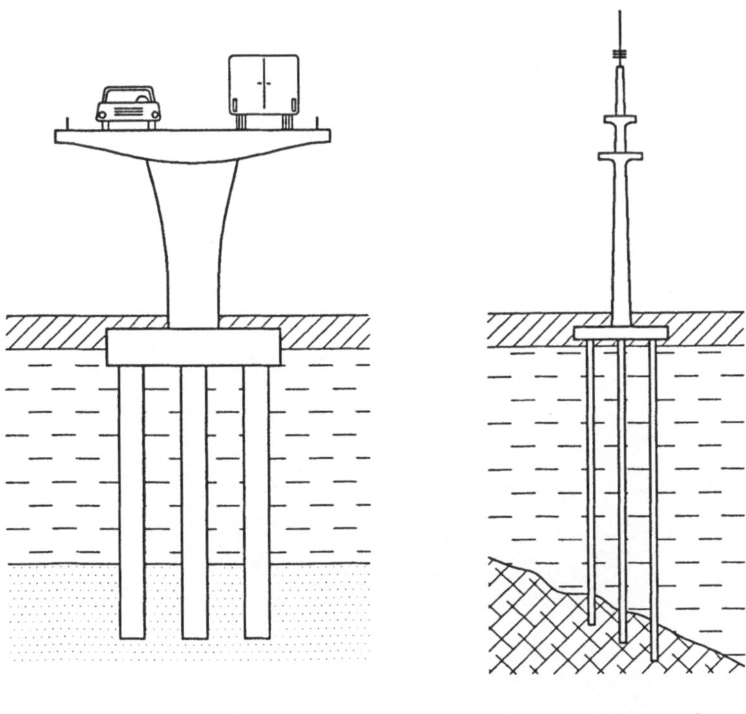

Bild 1.1a. Anwendungsbeispiele für Pfahlgründungen

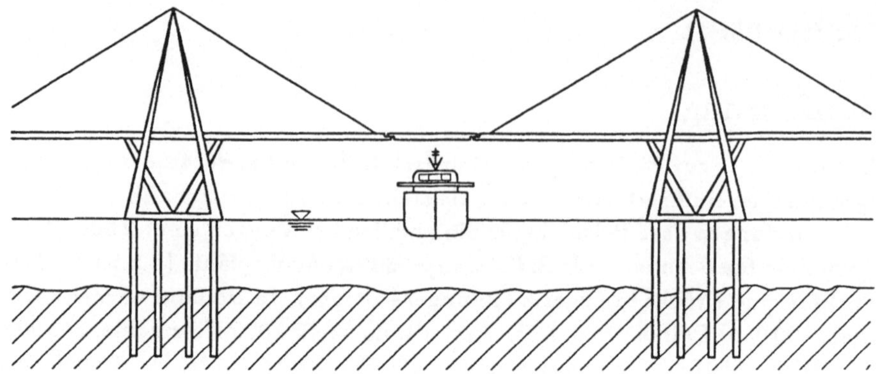

Brücke über den Maracaibo See

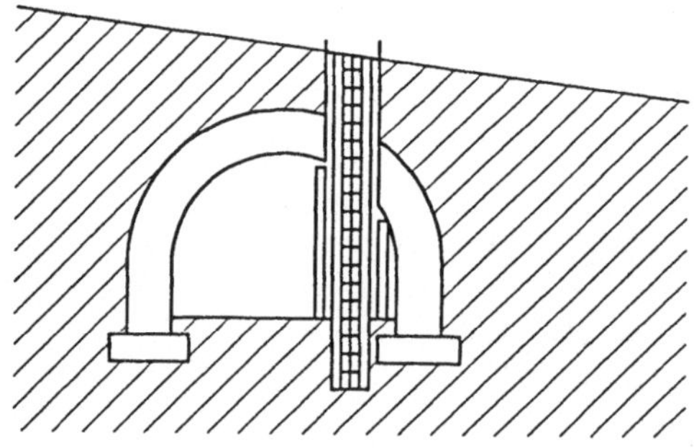

Gründung über einem alten Weinkellergewölbe, Wien

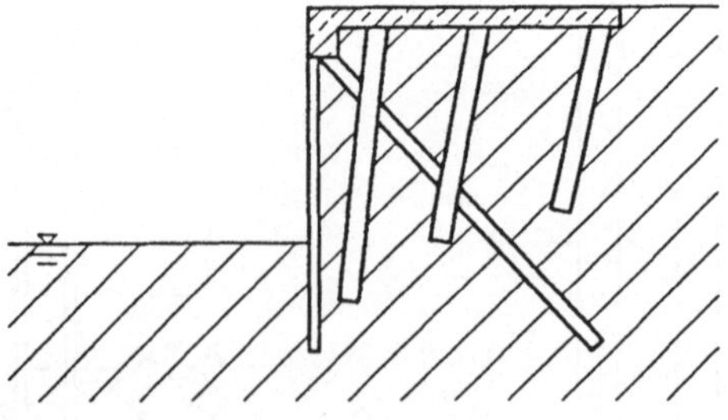

Kaimauer

Bild 1.1b. Anwendungsbeispiele für Pfahlgründungen

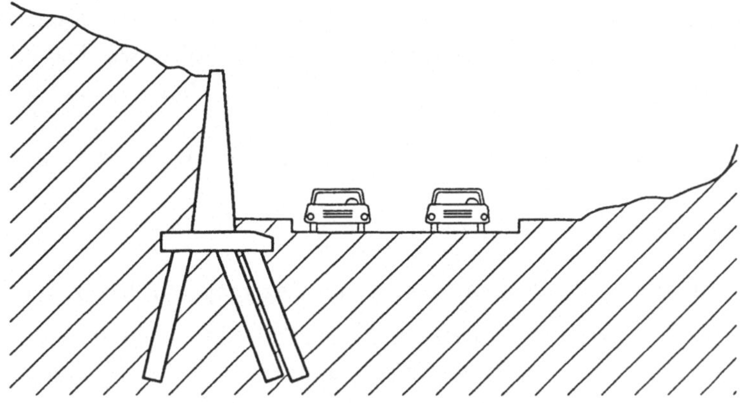

Pfahlbock (Pfahlstuhlwand)

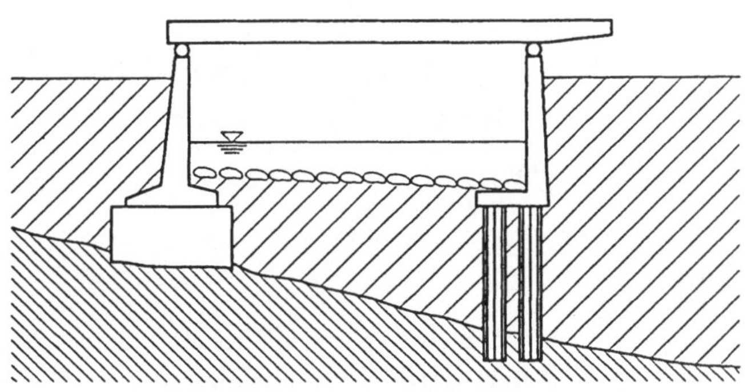

Nahe-Überbauung, Idar-Oberstein

Bild 1.1c. Anwendungsbeispiele für Pfahlgründungen

1.2 Entwicklung

Pfahlbauten aus der Jungsteinzeit (um 3 000/2 500 v. Chr.) finden sich u.a. im ganzen Alpengebiet. Beispiele von Pfahlgründungen im alten China (Pagode von Longhua, 977 vor Chr.) und in Venedig werden von Kérisel erwähnt [1.1]. In Holland wurden Holzpfähle ab Ende des 14. Jahrhunderts eingesetzt (übliche Pfahlkraft: 100 kN). Der Königspalast in Amsterdam (17. Jahrhundert) ist auf 13 652 Holzpfählen gegründet [1.2]. Diese Pfähle wurden von Gruppen aus je 30 bis 40 Männern mit Fallgewichten gerammt. Man hat in Serien von je 30 Schlägen singend gerammt und dazwischen kurze Pausen eingelegt. Dauer pro Pfahl: 1 bis 2 h, Kosten: 2 bis 2,5 Gulden. Holländer haben auch die Pfahlgründungen im damaligen Petersburg ausgeführt. 1837 wurde die erste dampfgetriebene Winde in Amsterdam eingesetzt,

die erste Dampframme kam am Ende des 19. Jahrhunderts zum Einsatz. Bis zu den
40er Jahren wurden hauptsächlich Holzpfähle verwendet. Diese wurden mit Fallbären
gerammt (Gewicht 400 bis 800 kN, Fallhöhe 1 bis 2 m, Durchmesser am Pfahlfuß 11 bis
14 cm). Der erste Eisenbetonpfahl wurde in Deutschland 1900 von Züblin gerammt.
In Holland wurden Fertigbetonpfähle in den 20er Jahren eingeführt.

1.3 DIN 1054 über Pfähle

Diese DIN beinhaltet folgende Definitionen und Regelungen in bezug auf Pfähle:

- Pfahlarten: Fertig-, Ort-, Mischgründungspfähle; Material: Beton, Stahlbeton,
  Spannbeton, Stahl, Holz; Tragwirkung: Spitzendruck- bzw. Reibungspfähle,

- Entwurfsrichtlinien: I.a. Bauwerkslasten allein auf Pfähle einleiten, Pfähle nach
  Möglichkeit axial belasten, schwebende Pfahlgründung vermeiden, Knicknach-
  weis nicht erforderlich,

- zulässige Belastung entweder aus *Probebelastung* oder aus *Erfahrungswerten*;
  aus *Berechnungsverfahren* unzulässig (da umgebender Boden durch Pfahleinbringung in unbekannter Weise gestört wird),

- Regeln für Probebelastung.

1.4 Pfahltypen

Die heute gebräuchlichen Pfahltypen sind sehr vielfältig und können kaum durch eine
einheitliche Systematik klassifiziert werden. Je nachdem ob der Boden, der an der
Stelle des eingebauten Pfahls lag, zur Seite verdrängt oder entfernt wird, unterscheidet man zwischen *Verdrängungspfählen* und *Bohrpfählen*. Je nach der Eindringung
des Pfahls in den Boden unterscheidet man zwischen *Rammpfählen* und *Bohrpfählen*.
Stahlbetonpfähle können in dem fertigen Bohrloch oder in einem Werk betoniert werden; danach unterscheidet man zwischen *Ortbetonpfählen* und *Fertigpfählen*. *Verpreß-*
oder *Injektionspfähle* sind Ortbetonpfähle, bei denen der Beton mit Überdruck eingebracht wird. Bei den *Schneckenortbetonpfählen* wird der Boden teils seitlich verdrängt
und teils durch die Drehung einer "endlosen" Schnecke nach oben gefördert. Bei
einer weiteren Kategorie von Pfählen wird der Beton in den bestehenden Boden
hineingemischt (mixed-in-place-Pfähle). Dazu gehören die *Rüttelortbetonpfähle*, die
vermörtelten Stopfsäulen, die *Betonrüttelsäulen* und die *Hockdruckinjektionspfähle*.

Die Vielfalt der Pfahltypen wird auch dadurch erhöht, daß die einzelnen Firmen
oft eigene Pfahltypen anbieten, die sich von den Konkurrenzmodellen durch teils
nur geringfügige Details unterscheiden. Man beachte ferner, daß die hier erwähnten
Pfähle hauptsächlich von deutschen Firmen hergestellt werden, während z.B. in den
USA oft andere Pfahltypen Verwendung finden (z.B. *Raymond-Pfähle*, *Union-Pfähle*,
Guild-Pfähle).

1.5 Rammpfähle

1.5.1 DIN 4026

Stark zusammengefaßt beinhaltet diese Norm folgende Regelungen bzw. Tabellen:

- Tabellen mit Erfahrungswerten für Druckpfähle, die mindenstens 5 m in den Baugrund einbinden, Erhöhung der angegebenen Tragfähigkeiten um 25 %, falls der Boden "besonders tragfähig" ist,

- Schwere Rammbären mit geringen Fallhöhen sind vorzuziehen. Günstiges Verhältnis (Gewicht Rammbär)/(Pfahlgewicht) 1:1 bzw. 2:1,

- Es sind Rammberichte zu führen.

1.5.2 Holzpfähle

Das Verhältnis Festigkeit/Dichte ist bei den diversen Holzsorten ziemlich konstant und vorteilhaft im Vergleich zu Stahl und Stahlbeton. In Zentraleuropa werden Pfähle aus Eiche, Fichte, Kiefer, Tanne, Lärche eingesetzt, bei Anwendungen im Meerwasser verwendet man die dichteren Tropenhölzer (Bongossi, Basralocus). Beim Querschnitt einiger Holzsorten kann zwischen dem helleren Splint und dem dunkleren Kernholz unterschieden werden. Letzteres ist weniger anfällig gegenüber Pilz- und Bakterienbefall. Besonders schädlich für Holzpfähle ist der Pilzbefall, der bei genügender Feuchtigkeit und Sauerstoffzufuhr (also oberhalb der Geländeoberkante und oberhalb des Grundwasserspiegels) einsetzt. Weniger gefährlich sind anaerobe Bakterien, die im Boden agieren. Im Seewasser kann Wurmbefall schweren Schaden zuführen, und in tropischen Gebieten können oberhalb des Grundwassers Termiten das Holz angreifen [1.3].

Für Holzpfähle schreibt die DIN 4026 vor:

- Pfeilhöhe $\leq l/300$,

- Verjüngung 1 bis 1,5 cm/m,

- Holz Güteklasse II,

- für Pfahllänge < 6 m: Pfahldurchmesser 25 ± 2 cm,

- für Pfahllänge ≥ 6 m: Pfahldurchmesser $[\text{cm}] = 20 + l\,[\text{m}] \pm 2$.

Die Lieferlängen sind i.allg. auf 22 bis 23 m begrenzt.

1.5.3 Stahlbeton-Rammpfähle

Für Stahlbeton-Rammpfähle schreibt die DIN 4026 vor:

- Mindestbewehrung 0,8 % bei $l > 10$ m, mindestens 4 Bewehrungsstäbe ⌀ 14 mm,

- Risse bis 0,15 mm infolge Rammen sind unbedenklich.

- schonend transportieren, Biegemomente variieren stark je nach Lagerung bzw. Aufhängung. Das maximale Biegemoment kann von $0,125\,ql^2$ bei Lagerung an den Pfahlenden auf den Wert $0,021\,ql^2$ bei optimaler Lagerung an den Punkten, die um $0,207\,l$ von den Pfahlenden entfernt sind, abfallen (siehe Bild 1.2).

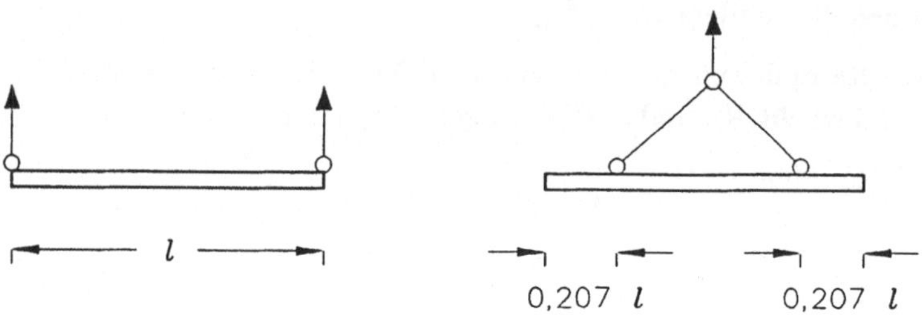

Bild 1.2. Maximales und minimales Biegemoment bei unterschiedlicher Lagerung eines Fertigbeton-Pfahls

1.5.4 Spannbeton-Rammpfähle

Längere Stahlbeton-Rammpfähle ($l = 15$ bis 30 m) werden vorgespannt. Die Vorspannung soll mindestens $3,5$ MN/m^2 betragen. Fertigbeton-Rammpfähle aus Stahlbeton und Spannbeton können mit Verbindungsstößen zusammengesetzt werden und Längen von bis zu 100 m erreichen. Abgesehen von den relativ leicht erfaßbaren Lastfällen (Abheben vom Formboden, Transport, Lagerung, Aufrichten an der Ramme) entstehen beim Rammen kaum berechenbare Druck-, Querzug- und Zugspannungen. Es scheint, daß der Einfluß der Querbewehrung für die Aufnahme der Querzugspannungen von untergeordneter Bedeutung ist. Entscheidend hingegen ist die Betonqualität [1.4].

1.5.5 Stahlpfähle

Untersuchungen von bis zu 40 Jahren alten Stahlpfählen ergaben, daß keine Korrosionsgefahr besteht, wenn der Pfahl in *gewachsenen* Boden eingerammt worden ist. Stahlpfähle in Auffüllungen hingegen sind korrosionsgefährdet und sollen beschichtet werden. Pfähle, die dem Meerwasser oder Wasser mit pH $> 9,5$ bzw. pH < 4 ausgesetzt werden, sind ebenfalls korrosionsgefährdet [1.5].

Die Tragfähigkeit von Rammpfählen ist i.allg. auch abhängig vom Rammverfahren. Mit Freifallbär eingerammte Pfähle können bis zu 40 % höhere Tragfähigkeit haben als mit Vibrationsbär gerammte [1.6]. Die Mantelreibung von Stahlrammpfählen dürfte mit der Zeit infolge Korrosion anwachsen.

1.5.6 Rammen von Pfahlgruppen

Durch das Rammen wird der Boden hauptsächlich seitlich verdrängt. Um das seitliche Ausweichen des Bodens zu ermöglichen, sollen Pfahlgruppen von innen nach außen gerammt werden (d.h. erst die Innenpfähle, dann die Außenpfähle). Bei Kaikonstruktionen sind zuerst die Pfähle und dann die Spundwand zu rammen.

1.6 Ortrammpfähle

Franki-Pfahl:

Der Franki-Pfahl wurde 1908 in Belgien eingeführt. Ein Vortreibrohr wird auf der Geländeoberkante aufgesetzt und in seinem unteren Ende wird ein Betonpfropfen hergestellt. Der erhärtete Pfropfen wird mit einem 15 bis 30 kN schweren Fallgewicht gerammt. Der Pfropfen nimmt durch Verspannung das Vortreibrohr mit. Bei Erreichung der Solltiefe wird das Vortreibrohr festgehalten und der Pfropfen ausgestampft. Dabei bildet sich ein erweiterter Pfahlfuß. Danach erfolgt der Einbau des Bewehrungskorbes und das Betonieren (siehe Bild 1.3). Es werden Tiefen bis 30 m erreicht. Die Durchmesser variieren zwischen 33,5 und 61 cm.

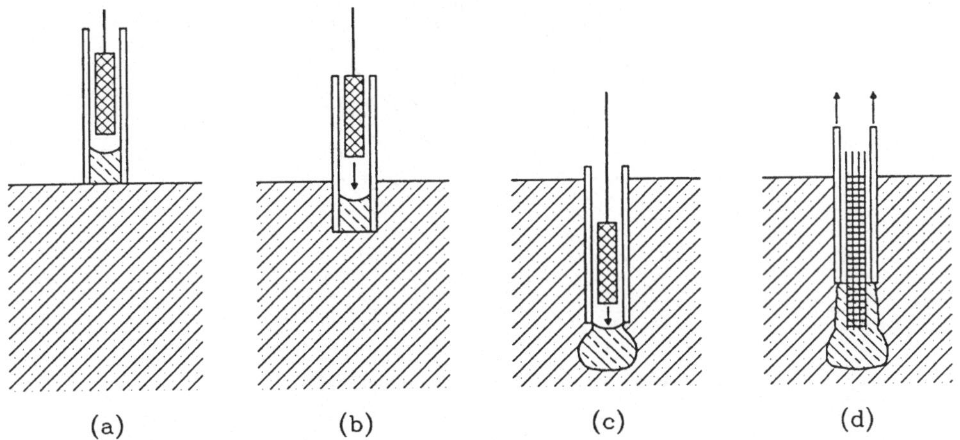

(a) (b) (c) (d)

Bild 1.3. Herstellung eines Franki-Pfahls. (a) Vortreibrohr ansetzen, Pfropfenbeton einfüllen und ausstampfen, (b) Einrammen des Vortreibrohrs durch Innenrammung mit Freifallbär, (c) Ausbildung des Pfahlfußes durch Ausrammen des Pfropfenbetons bei Festhalten des Vortreibrohres, (d) Einbau des Bewehrungskorbes, Schaftherstellung durch Stampfen des abschnittsweise eingebrachten Betons und Ziehen des Rohres

Varianten:

- Franki-Hülsenpfahl: Die Rammung erfolgt wie beim normalen Franki-Pfahl. Danach wird mit dem Bewehrungskorb eine Blechhülse eingebracht. Franki-Hülsenpfähle werden in sehr weichen Bodenschichten eingesetzt. Ähnlich dazu ist der Guild-Pfahl (USA).

- Franki-Verbundpfahl: Die Rammung erfolgt wie beim normalen Franki-Pfahl, der Pfahlschaft ist aber hier ein Stahlbetonfertigteil. Franki-Verbundpfähle werden bei stark wasserführenden oder sehr weichen Schichten eingesetzt.

- Franki-Ortbetonpfahl mit verlorener Fußplatte: wie Simplex-Pfahl (s.u.).

- Simplex-Pfahl: Es erfolgt eine Obenrammung des unten mit einer Spitze oder Platte abgeschlossenen Rohrs (siehe Bild 1.4). ø 30 bis 50 cm, $Q = 800$ kN (beispielsweise).

Ähnliche Typen sind: Delta-, Monotube-, Vibro-, Zeißl-Mast-, Simpol-, Alpha-Pfähle.

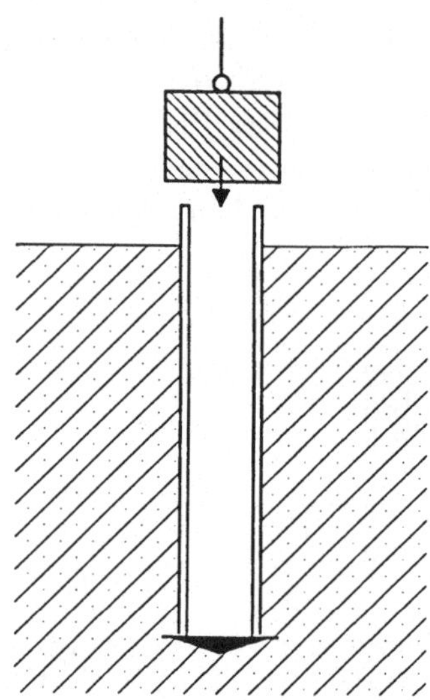

Bild 1.4. Prinzip des Simplex-Pfahls

1.7 Bohrpfähle

Es wird in ein fertiges Bohrloch hinein betoniert, bzw. der fertige Pfahl wird in ein Bohrloch eingebracht. Die Bohrlochsicherung stellt eine wichtige Aufgabe dar. Die Stützung des Bohrlochs erfolgt mit bzw. ohne Verrohrung, mit Wasserüberdruck, mit Suspension. In weichen Böden (insbesondere Feinsand, Schluff) sollte das Voreilmaß der Verrohrung mindestens 0,5 ø (besser: 1 ø) betragen. Schrägpfähle sind immer verrohrt herzustellen.

Zum Betonieren verwendet man Schüttbeton oder Preßbeton. Unter Wasser oder Suspension ist in Kontraktor-Verfahren zu betonieren. Um einer allmählichen Verschlechterung des umgebenden Bodens (Nachbrüche, Aufweichung) vorzubeugen, sollen Bohren und Betonieren am selben Tag erfolgen. Falls der Boden weich ist ($I_c < 0,25$ bzw. $c_u < 10$ kN/m²), ist freies Betonieren gegen den Boden nicht zulässig; es soll eine Hülse verwendet werden.

Der Beton sollte folgenden Anforderungen genügen: mindestens 350 kg Zement pro m³ (zur Wasserdichtigkeit), Konsistenz K3 (zu erreichen durch Wahl des Wassergehalts je nach Sieblinie und Wasseranspruch der Zuschlagstoffe). Er soll fließfähig sein (d.h. mit einem Ausbreitmaß von 50 bis 60 cm), jedoch ohne Zusatz eines Fließmittels. Das Größtkorn des Zuschlags ist je nach Bewehrungsabstand zu wählen.

Für die Bewehrung gelten folgende Regeln: Mindestdurchmesser 14 mm, maximaler Abstand 20 cm, eine Anschlußbewehrung im oberen Bereich genügt, falls keine Biegebeanspruchung vorliegt.

Die Herstelltoleranzen belaufen sich auf etwa: Exzentrizität 0,05 ø bzw. 5 cm, Neigung 1,5 %.

Die Betonsäule darf beim Ziehen der Bohrrohre nicht abreißen oder eingeschnürt werden, daher ist ein Überdruck im Beton erforderlich. Man beachte die Sohlpressung der Verrohrungsmaschine beim Ziehen (eventuell Schädigung benachbarter Fundamente).

Die erforderlichen Mindestdurchmesser sind nach DIN 4014 je nach Pfahllänge gestaffelt (siehe Tabelle 1.1).

Tabelle 1.1. Mindestdurchmesser von Bohrpfählen in Abhängigkeit von der Pfahllänge (nach der bisherigen DIN 4014. In der neuen DIN 4014 entfällt diese Einschränkung)

Pfahllänge [m]	≤ 10	10 bis 15	15 bis 20	20 bis 30
Mindest ø[cm]	30	35	40	50

Die bisherige DIN 4014 unterscheidet zwischen herkömmlichen Bohrpfählen (ø 30 bis 50 cm) und Großbohrpfählen (ø > 50 cm, heute bis 3 m).

Vorteile der Großbohrpfähle:

- Wirtschaftlichkeit, z.B. gleicher Personalaufwand für Pfähle ø 40 cm und ø 120 cm,

- schweres Gerät erlaubt Voreilen der Verrohrung,

- keine Gefahr der Einschnürung des Betonschaftes beim Ziehen, falls ø > 90 cm,

- Aufnahme von Biegespannungen ist eher möglich (Pfahlwände).

Eine Erhöhung der Tragkraft ist durch Pfahlfußerweiterung sowie durch Mantel- bzw. Fußverpressung möglich. Eine *Fußerweiterung* bringt wenig ein, da die Setzungen bei gleicher Sohlpressung mit dem Durchmesser zunehmen, ferner ist sie ein zeitraubender Vorgang. Die Unterhöhlung des Bodens bedingt eine Auflockerung oberhalb des Fusses. Sie mißlingt bei grobkörnigen Böden sowie bei Böden, die bei Flutung ihre Kohäsion verlieren. *Mantel- und Fußverpressung* können bei gleichen Setzungen Tragkrafterhöhungen von ca. 50 bis 100 % bewirken. Durch Fußverpressungen wird der Boden vorbelastet; er wird damit steifer, d.h. hohe Pfahlkräfte werden bei geringeren Setzungen erreicht. Die Vorbelastung erfolgt durch Druckblase oder Drucktopf, die Reaktionskraft wird dabei von der Mantelreibung übernommen. Durchführung der Mantelverpressung: Durch kurzzeitig wirkende hohe Drücke (bis 80 bar) wird die Betonüberdeckung örtlich aufgesprengt, der umgebende Boden wird dann mit Zementschlämme verpreßt.

Abkürzungen nach DIN 4014 E: **B**: Bohrpfahl, **V**: Verrohrt, **U**: Unverrohrt, **S**: als Schlitzwandelement, **F**: mit Fußerweiterung, **M**: mit Mantelverpressung, **P**: mit Fußverpressung, z.B. *Pfahl DIN 4014 – BVF 0,80/1,10*

1.8 BENOTO-Pfähle

Das Bohrrohr wird eingepreßt, dabei wird es hin- und herrotiert. Der Aushub erfolgt mit *Schlaggreifern*, die auch feste Bodenschichten lösen und fördern können (Last 10 bis 20 kN). Einsetzbar bei allen Lockergesteinen (auch mit Steineinlagerungen), in Geröll- und Felsschichten. Tiefe bis 50 m. Die Bohrleistung ist relativ gering, z.B. bei ⌀ 100 cm ca. 1 bis 3 m/h.

1.9 HW-Pfähle

Bohrverfahren Hochstrasser-Weise (HW): Eine pneumatische *Drehschwinge* treibt das Bohrrohr durch ihre Bewegung und ihr Eigengewicht nach unten. Oben ist ein Führungsrohr erforderlich. Betoniert wird nach dem *Preßbeton*-Verfahren; dabei wird das oben abgeschlossene Bohrrohr durch Luftdruck nach oben gezogen (siehe Bild 1.5).

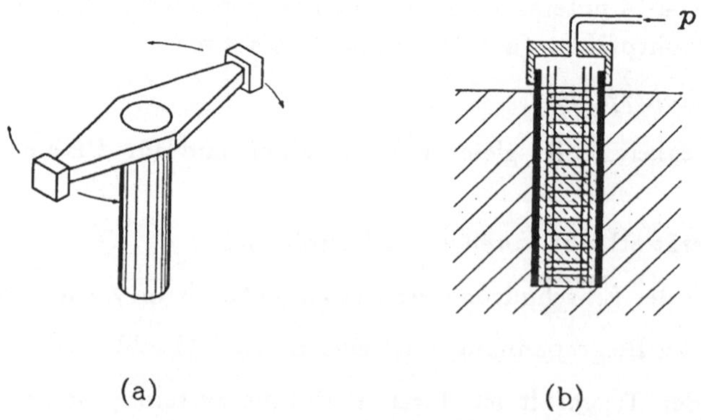

(a)   (b)

Bild 1.5. HW-Verfahren. (a) Drehschwinge, (b) Ziehen des Bohrrohres

1.10 Spreng-Pfähle

Die Fußerweiterung erfolgt durch Zünden einer Sprengladung. Dieser Pfahltyp ist insbesondere bei rolligen Böden tauglich.

1.11 RAYMOND-Pfähle

Amerikanische Hülsenpfähle, nach unten verjüngt oder teleskopiert.

1.12 SOB-Pfähle

SOB-Pfahl steht für Schneckenortbetonpfahl und ist eine Produktbezeichnung. Andere Namen hierfür sind: Schneckenbohrpfahl, Schraubbohrpfahl, Schraubverdrängungspfahl, Spiralpfahl, unverrohrter Teilverdrängungspfahl, continuous auger pile. Es handelt sich um einen Ortbetonpfahl, der mit *durchgehender Hohlbohrschnecke* hergestellt wird. Die maximale Tiefe beträgt 30 m, und der maximale Durchmesser 1 m. SOB-Pfähle sind einsetzbar als Gründungspfähle und bei Pfahlwänden. In Deutschland werden sie seit 1974 hergestellt. Damit während des Bohrens nicht zu viel Boden gefördert wird, ist die Steigung der Schneckenflügel nicht zu groß zu wählen. Die Eindringgeschwindigkeit sollte mit der Rotation der Schnecke abgestimmt werden, damit weder zuviel noch zuwenig Boden nach oben gefördert wird. Beim Ziehen während des Betonierens sollte die Schnecke im gleichen Sinn wie beim Bohren drehen bzw. ohne Drehung gezogen werden. Ein großes Drehmoment (z.B. 50 kNm) ist erforderlich.

Verfahren 1: Außendurchmesser: 400 bis 1 000 mm, Seelenrohrdurchmesser 100 bis 150 mm, unten geschlossen mit verlorener Spitze (siehe Bild 1.6). Nach Erreichen der Solltiefe (bis 30 m) wird die Schnecke gezogen und über das Seelenrohr Beton mit leichtem Überdruck gepumpt. In der Regel erfolgt nur eine obere Anschlußbewehrung. Erforderlichenfalls ist ein Bewehrungskorb nach Ziehen der Schnecke durch Rütteln oder mit Hilfe eines Stahlträgers einbringbar.

Verfahren 2: Außendurchmesser: 500 bis 1 000 mm, Seelenrohr $\varnothing \geq 400$ mm. Den unteren Abschluß des Seelenrohrs bildet entweder eine verlorene Spitze oder ein wiedergewinnbarer Bohrkopf. Der Bewehrungskorb wird im Schutz der Schnecke eingebracht (siehe Bild 1.7).

Besonderheiten:

- keine Verrohrung nötig,
- in neuer DIN E 4014 erwähnt,
- hohe Leistung (200 bis 250 stgm pro Schicht), hohe Gerätekosten,
- sehr niedrige Erschütterungen,
- hohe Bohrgenauigkeit (1 bis 1,5 %),

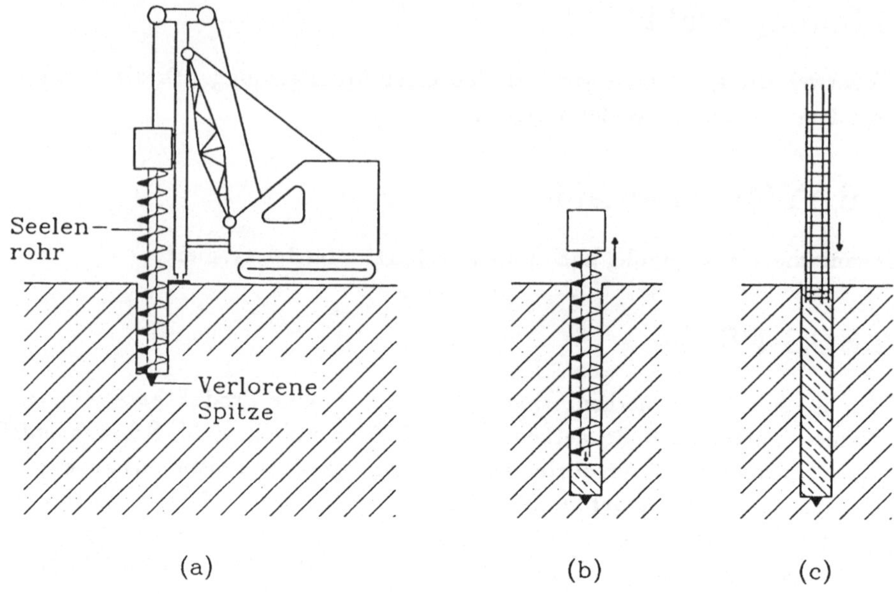

Bild 1.6. Herstellung eines SOB-Pfahls (Verfahren 1). (a) Bohren mit Endlos-Schnecke, (b) Einpressen von Betonmörtel bei gleichzeitigem Herausdrehen der Schnecke, (c) Einbringen des Bewehrungskorbes

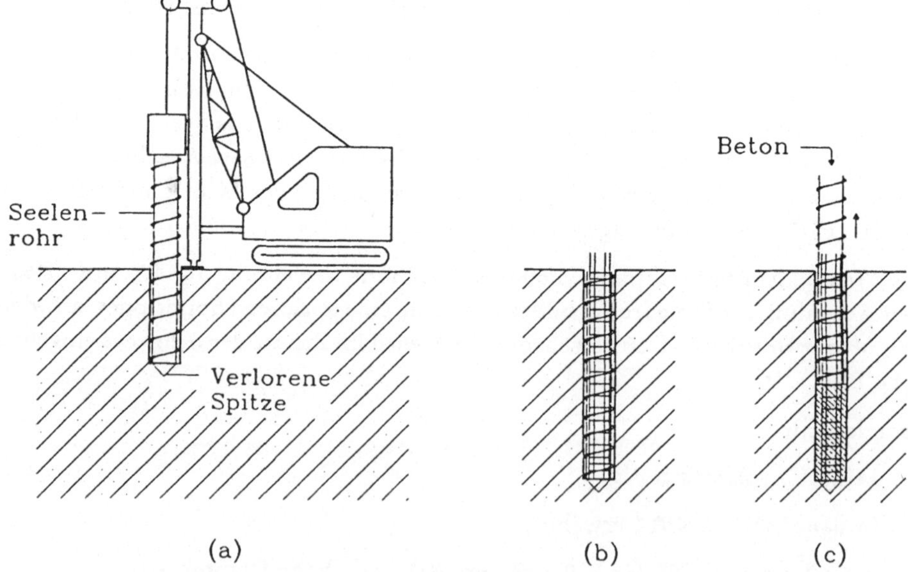

Bild 1.7. Herstellung eines SOB-Pfahls (Verfahren 2). (a) Bohren mit Endlos-Schnecke, (b) Einbringen des Bewehrungskorbes im Schutze des Seelenrohrs, (c) Ziehen der Bohrschnecke und Betonieren

- auch für überschnittene Pfahlwände (mehrere frisch betonierte Pfähle in Reihe sind wegen der dann fehlenden Stützwirkung zu vermeiden),

- bis zu 30 % Betonmehrverbrauch (Gefahr übermäßigen Bodenentzugs),

- infolge teilweiser Bodenverdrängung und Einbringen des Betons unter Druck wird eine höhere Tragfähigkeit als bei verrohrten Bohrpfählen (besonders bei bindigen Böden) erreicht,

- Pumpen erfordert sorgfältige Betonrezeptur.

1.13 FUNDEX-Pfähle

Dies sind verrohrte Bohrpfähle mit *voller Bodenverdrängung*. Ein glattes Bohrrohr wird drehend in den Boden eingedrückt. Die verlorene *Schraubspitze* aus Grauguß verdrängt dabei den Boden seitwärts. Das ungeteilte Bohrrohr erreicht Tiefen bis 30 m. Das erforderliche Drehmoment ist 2 bis 3 mal größer als beim Teilverdrängungspfahl (SOB). Der Bewehrungskorb wird im Schutze des Bohrrohrs eingebracht, welches anschließend durch gegenläufige Dreh- und Ziehbewegung gezogen wird.

Ähnlich dazu ist der sog. ATLAS-Pfahl, dessen zulässige Belastung bei 800 bis 1600 kN (für Nenndurchmesser 36 bis 56 cm) liegt.

1.14 Betonrüttelsäulen (BRS)

Der Schaftdurchmesser beträgt üblicherweise 30 bis 50 cm, die aufnehmbaren Lasten liegen im Bereich von 400 bis 1 000 kN. Die Herstellung erfolgt durch *Tiefenrüttler mit angebauter Betonleitung*. Durch das Einbringen des Rüttlers wird der Boden verdrängt und verdichtet. Beim Ziehen des Rüttlers wird Beton eingepumpt. Während bei der Schaftherstellung ein geringfügiger Betonüberdruck dafür genügt, ist bei der Fußherstellung der Beton mit einem Überdruck ≥ 5 bar zu pumpen. Die Arbeitsleistung beträgt 200 bis 400 stgm/Tag. Betonrüttelsäulen sind i.d.R. unarmiert. Ein Bewehrungskorb kann in den frischen Beton eingerüttelt werden.

Variante: *vermörtelte Stopfsäule*. Sie werden wie folgt hergestellt: Durch einen *Schleusenrüttler* werden Zuschlagstoffe (Schotter, Kies) und Suspension (Wasser mit Zement und Bentonit) in den Boden eingebracht. Der Durchmesser von vermörtelten Stopfsäulen beträgt maximal 1,20 m. Ihre maximalen Gebrauchslasten sind 350 bis 600 kN.

1.15 Rüttelfußpfähle

Das können Pfähle beliebiger Bauart sein. Der Boden im Fußbereich wird durch Tiefenrüttler unter Zugabe von Kiessand verdichtet (siehe Bild 1.8).

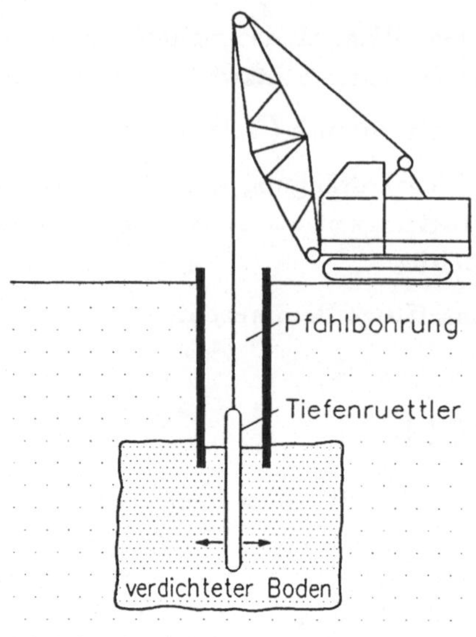

Bild 1.8. Herstellung eines Rüttelfußpfahls

1.16 Soilcrete- oder Hochdruckinjektions (HDI)-Säulen

Das dabei angewandte Verfahren ist international als Jet Grout bekannt; das Verfahren stammt aus Japan, Soilcrete und HDI sind Produktnamen. Beim Jet Grout wird Zementschlämme mit Hochdruck (Drücke 100 bis 700 bar oder mehr) in den Baugrund eingebracht. Eine nachträgliche Armierung des Frisch"betons" ist bedingt möglich. Der Säulendurchmesser ist variabel (bis zu 3 m) und stark abhängig von der Ziehgeschwindigkeit. Das Verfahren ist erschütterungsfrei. Bei ⌀ 80 cm ergab sich beispielsweise eine Gebrauchslast von 600 kN.

Hochdruckinjektionen sind bei allen Bodenarten anwendbar. Zunächst wird die Injektionslanze in herkömmlicher Weise (z.B. Drehbohren mit Außenspülung) in den Boden eingebracht. Anschließend wird die Lanze unter gleichzeitiger Drehung nach oben gezogen. Dabei wird von einer Düse am unteren Ende der Lanze eine Zement-Wasser-Suspension mit sehr großer Austrittsgeschwindigkeit herausgepreßt. Der Suspensionsstrom durchwühlt den umgebenden Boden und bildet so ein betonähnliches Gemisch, das nach Erstarren hohe Druckfestigkeiten erreichen kann (siehe Tabelle 1.2). Durch den Ringspalt des Bohrlochs entweicht zementhaltiger Schlamm nach oben und ist zu entsorgen.

1.17 Kleinbohrpfähle

Die Kleinbohrpfähle werden auch Wurzelpfähle genannt. Zu ihnen gehören auch sog. Kleinpfähle und Micropfähle. Gebohrt wird mit Drehbohrverfahren und Luft-,

Tabelle 1.2 Einaxiale Druckfestigkeiten, die durch Hochdruckinjektion erreicht werden können (Quelle: Fa. Bauer)

Bodenart	maximal erreichbare Festigkeit [MN/m^2]
Kies	20
Sand	15
Schluff/Ton	12
organischer Boden	3

Wasser- oder Dickspülung. Danach wird die Bewehrung eingebracht. Das Betonieren erfolgt im Kontraktor-Verfahren. Beim Ziehen wird der Beton mit Druckluft verdichtet (daher der Name "Injektionsbohrpfahl"). Der Nenndurchmesser beträgt 10 bis 30 cm. Die Geräte sind klein und handlich. Die niedrige Arbeitshöhe erlaubt das Bohren von Kellerräumen aus.

Tragfähigkeit (typische Werte):

- In *Kies* wurde eine Grenzlast von 1 300 kN für ⌀ 20 cm und $l = 11$ m gemessen. Mantelreibung (bezogen auf den theoretischen Pfahldurchmesser): 200 bis 250 kN/m^2.

- In *Sand* wurde bei einer Länge von 14 m eine Grenzlast bei 700 bis 850 kN erreicht. Die mittlere Mantelreibung (bezogen auf den theoretischen Pfahldurchmesser) betrug dabei 150 kN/m^2.

- In steifen bis halbfesten *bindigen Böden* wurden Grenzlasten von 400 bis 500 kN bei einer Einbindelänge von 5 m erreicht. Eine Setzung von 2 mm erfolgte erst bei 300 bis 350 kN. Mantelreibung (bezogen auf den theoretischen Pfahldurchmesser): 100 kN/m^2.

Einsatz:

- wenn Erschütterungen zu vermeiden sind,

- bei beengten Arbeitsräumen,

- wenn schwere Bohrhindernisse (Beton, Steine, Stahl) zu erwarten sind,

- bei Gründungsarbeiten, die minimale Setzungen zulassen.

In der DIN 4128 wird zwischen *Ortbetonpfahl* (durchgehende Längsbewehrung) und *Verbundpfahl* (vorgefertigtes Tragglied aus Stahl oder Stahlbeton) unterschieden. Ferner schreibt diese Norm vor:

- Einbindelänge in tragfähigen Boden mindestens 3 m, in Fels mindestens 0,5 m,

- Probebelastungen erforderlich,

- für Zugpfähle (insbesondere für geneigte Zugpfähle) sind die erforderlichen Sicherheiten anders als bei DIN 1054 festgelegt.

Die DIN 4128 enthält auch eine Tabelle für Grenzmantelreibungswerte (s. Tabelle 2.14).

1.18 Vor-der-Wand-Pfähle (VdW-Pfähle)

Es handelt sich um verrohrte Bohrpfähle, die ohne Abstand zu vorhandenen Hauswänden hergestellt werden können. Das Bohrwerkzeug (Schnecke) und die Verrohrung werden in entgegengesetzter Richtung simultan gedreht. Anwendbar bei leichten bis mittelschweren Böden und Tiefen bis zu 50 m. Übliche Bohrdurchmesser sind 250 bis 500 mm. Es können auch geneigte Pfähle (bis zu 1:5) hergestellt werden (Angaben Fa. Bauer).

1.19 Müller-Verpreß-Pfähle (MV-Pfähle)

Es handelt sich um Rammverpreßpfähle, d.h. verpreßte Stahlrammpfähle. In der Regel werden sie durch Vibrorammung eingebaut. Sie sind wie folgt ausgebildet: An einem H-Profil oder an einem Stahlrohr wird unten ein Pfahlschuh angeschweißt. Am Pfahlschaft wird ein Verpreßrohr montiert, das bis zum unteren Ende des Pfahls reicht. Der vom Pfahlschuh freigeräumte Hohlraum wird während des Rammens fortlaufend mit Zementmörtel injiziert. Der frische Mörtel unterbindet die Mantelreibung während des Rammens. MV-Pfähle werden vorwiegend als Zugpfähle bzw. Ankerpfähle (Aufnehmbare Lasten 300 bis 2 600 kN bei Neigungen 0,45:1), zur Auftriebssicherung für Lasten bis 1 800 kN, für Maste, Schornsteine usw., auch zur Aufnahme von Wechselbelastung (beispielsweise Zug: 1 200 kN, Druck: 1 800 kN) eingesetzt.

1.20 Duktilpfähle

Es handelt sich um Rammpfähle. Die einzelnen 5 bis 6 m langen Rohrabschnitte aus *duktilem* (d.h. nicht sprödem) Gußeisen (Elastizitätmodul $E \approx 165\,000$ N/mm^2, Druckfestigkeit 900 N/mm^2, Zugfestigkeit 420 N/mm^2) werden durch einfache Muffen miteinander verbunden und mit Hydraulikhämmern in beliebiger Tiefe gerammt. Bei ø 118 mm können Gebrauchslasten von 350 bis 500 kN, bei ø 170 mm Gebrauchslasten bis 900 kN erreicht werden (Angaben Fa. Bilfinger + Berger).

1.21 Pfähle für offshore-Gründungen

Unter den diversen Bauarten von Bohrplattformen bilden die auf Stahlgerüsten aufgesetzten Plattformen (steel-jacket platform) eine häufige Variante (siehe Bild 1.9). Zur Zeit dürften ca. 10 000 steel-jacket Plattformen existieren. Die meisten davon werden in seichtem Wasser eingesetzt, aber ca. 2 000 Plattformen sind bei Wassertiefen von

30 bis über 300 m Wassertiefe gegründet. Die gegenwärtig tiefste Plattform (Cognac-Plattform von Shell-Oil) wurde im Golf von Mexico in einer Wassertiefe von 312 m im Jahre 1978 errichtet [1.7]. Im Green Canyon desselben Golfs soll eine neue Bohrplattform in einer Tiefe von 411 m gebaut werden. Die Gewichte solcher Konstruktionen steigen exponentiell mit der Wassertiefe (Größenordnungen in der Nordsee: ca. $5 \cdot 10^4$ kN bei einer Wassertiefe von 70 m, ca. $20 \cdot 10^4$ kN bei einer Tiefe von 150 m) und werden über Pfähle in den Meeresgrund abgetragen. Es werden Rammpfähle aus unten offenen Stahlrohren mit einem Durchmesser von ca. 1 bis 2 m und einer Wanddicke von 38 bis 64 mm verwendet. Die Pfahllängen reichen bis über 100 m. Man erreicht damit Grenzlasten von 20 bis 40 MN [1.8] bzw. 50 MN bei Druck und 10 MN bei Zug. Die Stahlkonstruktionen werden ebenfalls aus Stahlrohren zusammengesetzt. Die Pfähle werden durch das Innere der Rohrstützen gerammt (insert piles). Alternativ dazu werden die Pfähle in kreisförmigen Gruppen gerammt (skirt piles), und die Stützen werden innerhalb dieser Gruppen montiert. Der Anschluß zwischen Pfahl und Stütze erfolgt über lange Stahlmuffen.

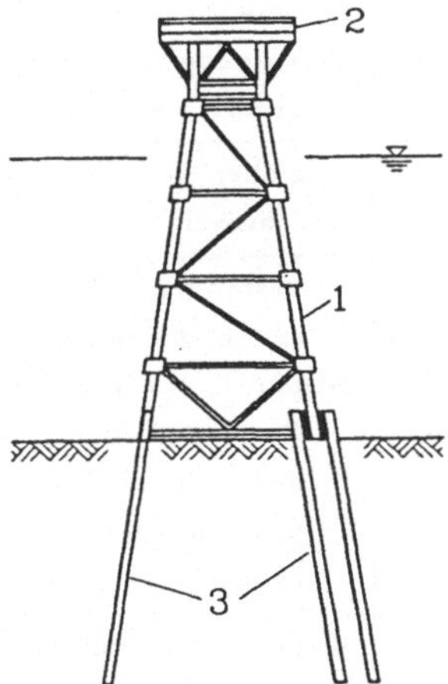

Bild 1.9. Steel-jacket Plattform. 1: Stahlrohrkonstruktion, 2: Plattform, 3: Pfähle

Tabelle 1.3. Zusammenstellung typischer Werte sowie von Vor- und Nachteilen diverser Pfahltypen (vgl. [1.5])

Pfahltyp	∅ [cm]	l [m]	Q [kN]	V: Vorteile, N: Nachteile
Holzpfahl	15	≤ 6	150	V: billig, leicht zu behandeln, beständig
	20	≤ 6	300	unter Wasser
	25	≤ 6	400	
	30	10	500	N: unbeständig oberhalb GW falls unbehandelt,
	35	15	600	kann beim Rammen beschädigt werden
Stahlpfahl				V: leichte Verlängerung, kann leichte Hindernisse durchfahren, hohe Tragfähigkeit, geringe Verdrängung, Fußverstärkung möglich, N: teuer, kann korrodieren, Sandschliff möglich, biegeweiche Pfähle kommen beim Rammen aus der Achse
Fertigbeton- rammpfahl	20		250	V: beständig, hohe Tragfähigkeit,
	25		400	sofort belastbar
	30	12–15	650	N: schwere Handhabung, Verlängerung/Ver-
	35		800	kürzung schwierig, Probleme bei Rammhinder-
	40	(bis 30)	1000	nissen, Lärmbelästigung beim Rammen
Spannbeton- rammpfahl	wie oben	15–30 (bis 60)	8500	Wie oben, jedoch V: leichtere Handhabung N: schwierig zu verlängern/verkürzen
Ortbeton- rammpfahl	33,5		900	V: beständig, hohe Tragfähigkeit, Länge anpaßbar
	40		1250	an Erfordernisse
	42		1350	N: Lärmbelästigung, evtl. Beschädigung von frischen
	50	ca. 30	1600	Nachbarpfählen, Probleme bei Rammhinder-
	56		2000	nissen, geschulte Mannschaft erforderlich, evtl.
	61		2400	hydraulischer Grundbruch bei hohem Wasser- überdruck am Pfropfen
Bohrpfahl	30	10	200	V: beständig, hohe Tragfähigkeit, Länge je nach
	35	15	250	Erfordernissen, Bohrhindernisse überwindbar,
	40	20	300	geringe Lärmentwicklung und Platzbedarf
	50	30	400	N: Evtl. Auflockerung der Pfahlumgebung durch
	60			Bohren; ohne Verrohrung: Gefahr des Nach-
	90			bruchs der Bohrlochwand, Qualität sehr
	120– 300			von der Sorgfalt der Mannschaft abhängig
SOB	40			V: keine Verrohrung erforderlich, hohe Einbau- leistung, hohe Bohrgenauigkeit, keine
		20		Erschütterung
	100			N: Hohe Gerätekosten, Betonmehrverbrauch bis 30%

2 Vertikale Tragfähigkeit

Nach einer vorherrschenden Auffassung existiert für jeden Pfahl eine Grenzlast, bei deren Erreichen der Pfahl unbegrenzt in den Untergrund einsinkt. Obwohl es selten einen empirischen Nachweis für diesen Sachverhalt gibt, bildet er die Grundlage –sei es nur als Modell– der international angewandten Bemessungspraxis. Den meisten Versuchen zufolge steigt die Pfahlkraft monoton (wenn auch mit fallender Tendenz) mit wachsender Eindrückung des Pfahls in den Untergrund.

2.1 Ermittlung der Pfahlkraft Q von Bohrpfählen aus Erfahrungswerten (DIN E 4014)

Die Pfahlkraft Q wird aufgespalten in Anteile aus Pfahlfuß bzw. Pfahlspitze Q_s und Pfahlmantel Q_m. Beide Anteile werden als Funktion der Pfahlkopfsetzung s, des Pfahldurchmessers d (gegebenenfalls ist zu unterscheiden zwischen dem Pfahl*schaft*durchmesser d und dem Pfahl*fuß*durchmesser d_F) und der Bodenfestigkeit angesetzt. Letztere wird für rollige Böden durch den mittleren Sondierspitzendruck q_s und für bindige Böden durch c_u angegeben. Es wird also angesetzt:

$$Q = Q_s(s, d_F, q_s \text{ bzw. } c_u) + Q_m(s, d, q_s \text{ bzw. } c_u) \quad . \tag{2.1}$$

Ferner wird Q_s proportional zur Fußfläche A_F und Q_m proportional zur Mantelfläche A_m angesetzt. Offensichtlich ist für kreiszylindrische Bohrpfähle

$$A_F = \frac{\pi}{4} d_F^2 \quad , \qquad A_m = \pi d l \quad ,$$

l ist dabei die Höhe (Länge) der tragenden Mantelfläche. Man hat also

$$Q = \frac{\pi d_F^2}{4} \sigma_s(s, d_F, q_s \text{ bzw. } c_u) + \pi d \sum_i \tau_{m_i}(s, d, q_{s_i} \text{ bzw. } c_{u_i}) l_i \quad . \tag{2.2}$$

σ_s ist der (mittlere) Pfahlspitzendruck und τ_m die (mittlere) Mantelreibung. τ_m ist eine Schubspannung. Das Summationszeichen weist daraufhin, daß gegebenenfalls über mehrere Schichten mit der jeweiligen Dicke l_i zu summieren ist. Die Funktionen $\sigma_s(s, d, q_s$ bzw. $c_u)$ und $\tau_m(s, d, q_s$ bzw. $c_u)$ werden in der DIN E 4014 in Form von Tabellen angegeben, die auf *Erfahrungswerten* beruhen:

$$\sigma_s = \sigma_s(s, d_F, q_s) \quad : \quad \text{Tabelle 2.1} \qquad ; \qquad \tau_m = \tau_m(s, d, q_s) \quad : \quad \text{Tabelle 2.3} \qquad ;$$

$$\sigma_s = \sigma_s(s, d_F, c_u) \quad : \quad \text{Tabelle 2.2} \qquad ; \qquad \tau_m = \tau_m(s, d, c_u) \quad : \quad \text{Tabelle 2.4} \qquad .$$

Diese Tabellen, zusammen mit den dazugehörigen Gleichungen und Einschränkungen, können durch die analytischen Ausdrücke (2.3) bis (2.6) approximiert werden:

Tabelle 2.1. Pfahlspitzendruck σ_s in MN/m² in Abhängigkeit von der auf den Pfahl-(fuß)durchmesser bezogenen Pfahlkopfsetzung s/d und dem mittleren Sondierspitzendruck in *nichtbindigen* Böden (nach DIN E 4014)

s/d	mittlerer Sondierspitzendruck q_s [MN/m²]			
	10	15	20	25
0,02	0,7	1,05	1,4	1,75
0,03	0,9	1,35	1,8	2,25
0,10	2,0	3,0	4,0	5,0

Tabelle 2.2. Pfahlspitzendruck σ_s in MN/m² in Abhängigkeit von der auf den Pfahl-(fuß)durchmesser bezogenen Pfahlkopfsetzung s/d und der Anfangsscherfestigkeit in *bindigen* Böden (nach DIN E 4014)

s/d	Anfangsscherfestigkeit c_u [MN/m²]	
	0,1	0,2
0,02	0,35	0,9
0,03	0,45	1,1
0,10	0,8	1,5

Tabelle 2.3. Grenzwerte der Mantelreibung τ_{mg} in MN/m² in Abhängigkeit vom mittleren Sondierspitzendruck q_s in *nichtbindigen* Böden (nach DIN E 4014)

q_s [MN/m²]	τ_{mg} [MN/m²]
0	0
5	0,04
10	0,08
15	0,12

Tabelle 2.4. Grenzwerte der Mantelreibung τ_{mg} in MN/m² in Abhängigkeit von der Anfangsscherfestigkeit c_u in *bindigen* Böden (nach DIN E 4014)

c_u [MN/m²]	τ_{mg} [MN/m²]
0,025	0,025
0,1	0,04
0,2	0,06

$$\text{Tabelle 2.1:}\qquad \sigma_s = \sigma_s(s,d,q_s) \approx \text{Min}\begin{cases} 0,9\left(\frac{s}{d_F}\right)^{0,655} q_s \\[2ex] 0,2q_s \end{cases} \qquad (2.3)$$

$$\text{Tabelle 2.2:}\qquad \sigma_s = \sigma_s(s,d,c_u) \approx \text{Min}\begin{cases} 2,6\left(\frac{s}{d_F}\right)^{0,5} c_u^{0,9} \\[2ex] 0,8c_u^{0,9} \end{cases} \qquad (2.4)$$

$$\text{Tabelle 2.3:}\qquad \tau_m = \tau_m(s,d,q_s) \approx 0,008q_s\text{Min}\begin{cases} \left(\frac{s}{s_{gm}}\right)^{1,3} \\[2ex] 1 \end{cases} \qquad (2.5)$$

$$\text{Tabelle 2.4:}\qquad \tau_m = \tau_m(s,d,c_u) \approx 0,11c_u^{0,41}\text{Min}\begin{cases} \left(\frac{s}{s_{gm}}\right)^{1,3} \\[2ex] 1 \end{cases} \qquad (2.6)$$

mit

$$Q_{mg} = \pi d\left(0,008\sum_i q_{s_i} l_i + 0,11\sum_j c_{u_j}^{0,41} l_j\right) \qquad (2.7)$$

und

$$c_u \text{ und } \sigma_s \text{ in MN/m}^2 \quad .$$

Der Spitzendruck σ_s wird voll mobilisiert (d.h. er erreicht den Grenzwert σ_{sg}), sobald die Pfahlkopfsetzung s den Betrag $s_{gs} := d_F/10$ erreicht. Zur Mobilisierung des Grenzwertes der Mantelreibung ist die Setzung s_{gm} erforderlich:

$$s_{gm} = 0,5 \text{ cm} \cdot Q_{mg} \text{ [MN]} + 0,5 \text{ cm} \qquad (2.8)$$

anzusetzen. Es müssen nun *zwei* Nachweise durchgeführt werden:

1. Unter Zugrundelegung einer zulässigen Pfahlkopfsetzung s_{zul} muß gelten: $Q_{vorh} \leq Q(s_{zul})$.

2. Mit den jeweiligen Grenzwerten aus obigen Ausdrücken ist die Grenzlast Q_g zu berechnen. Dann muß gelten: $Q_{vorh} \leq Q_g/\eta$. η ist dabei ein Sicherheitsfaktor.

Die zulässige Setzung hängt vom Bauwerk ab. Einige Anhaltswerte finden sich in [2.1]. Daraus sind die in den Tabellen 2.5 und 2.6 zusammengestellten Daten entnommen.

Erfahrungsgemäß sind die Setzungsdifferenzen Δs proportional zu den Absolutsetzungen der einzelnen Gründungskörper (hier Pfähle). Nach [2.2] ist

$\Delta s \leq s/4$ bei Rammpfahlgründungen,

$\Delta s \leq s/3$ bei Bohrpfahlgründungen,

$\Delta s \leq s/2$ bei Flachgründungen.

Tabelle 2.5. Beispiele für Verkippungen von Bauwerken und ihre Folgen (nach [2.1])

Winkelverdrehung	Grenze
1/10	Turm von Pisa
1/150	Schadensgrenze für Bauwerke allgemein, erhebliche Risse in tragenden Wänden, Grenze für Ziegelwände mit $h/l < 0,4$
1/250	Sichtgrenze für die Schiefstellung hoher starrer Bauwerke
1/300	erste Risse in tragenden Wänden, Schwierigkeiten bei ausladenden Kranen
1/500	Sicherheitsgrenze zur Vermeidung jeglicher Risse
1/600	Schadensgrenze für Rahmen mit Ausfachung
1/750	Grenze für setzungsempfindliche Maschinen

Tabelle 2.6. Anhaltswerte für zulässige Setzungen je nach Bauwerksart (nach [2.1])

Bauwerksart	Zulässiger Wert s_{zul} [cm]
Rahmenkonstruktionen und Skelettbauten in Stahlbeton oder Stahl mit Ausfachung	2,5 – 4,0
statisch unbestimmte Rahmenkonstruktionen, Skelettbauten oder Durchlaufträger in Stahlbeton oder Stahl ohne Ausfachung	3,0 – 5,0
statisch bestimmte Konstruktionen in Stahlbeton oder Stahl ohne Ausfachung	5,0 – 8,0
Wandbauten aus unbewehrtem Mauerwerk	2,5 – 4,0
Wandbauten aus Mauerwerk oder Großblöcken mit Ringankern in den Geschoßdecken	3,0 – 4,0

Der Sicherheitsbeiwert η ist für Druckpfähle in DIN 1054 bislang wie folgt festgelegt:

$\eta = 2$ für Lastfall 1 (ständige Lasten und regelmäßig auftretende Verkehrslasten einschl. Wind)

$\eta = 1,75$ für Lastfall 2 (nicht regelmäßig auftretende große Verkehrslasten; Belastungen, die nur während der Bauzeit auftreten)

$\eta = 1,5$ für Lastfall 3 (außergewöhnliche Belastung, z.B. infolge Unfällen)

Für Pfähle, die in Fels oder felsähnlichen Boden einbinden, soll nachgewiesen werden, daß $Q \leq Q_g/\eta$ gilt. Q_g ergibt sich aus σ_{sg} und τ_{mg}, die in Abhängigkeit von der einaxialen Druckfestigkeit q_u des Gesteins in Tabelle 2.7 angegeben sind.

Tabelle 2.7. Grenzwerte für den Pfahlspitzendruck σ_s und Mantelreibung τ_m im Fels und felsähnlichen Boden in Abhängigkeit von der einaxialen Druckfestigkeit q_u (nach DIN E 4014)

q_u [MN/m²]	σ_{sg} [MN/m²]	τ_{mg} [MN/m²]
0,5	0,5	0,05
5,0	5,0	0,5
20	10	0,5

Diskussion: Nach obigen Formeln beträgt der Grenzwert für die Mantelreibung in nichtbindigen Böden $0,008q_s$. In Holland nimmt man statt dessen

- $0,01q_s$ für Fertigbeton-Rammpfähle; für Ortbetonrammpfähle kann dieser Wert aufgrund von Probebelastungen bis $0,016q_s$ erhöht werden,

- $0,012q_s$ für sich nach unten verjüngende Holzrammpfähle.

Nach der holländischen Methode werden für den Nachweis der Grenztragfähigkeit unterschiedliche Partialsicherheitsfaktoren für Spitzendruck und Mantelreibung angesetzt:

$$Q_{zul} + \eta_1 Q_{NM} \leq \frac{Q_{s,grenz}}{\eta_2} + \frac{Q_{m,grenz}}{\eta_3} \quad , \tag{2.9}$$

mit

Q_{NM}: Pfahllast infolge negativer Mantelreibung (s.u.)

$\eta_1 = $ 1 bis 1,4 ,

$\eta_2 = $ 1,4 ,

$\eta_3 = $ 1,5 .

In Dänemark nimmt man für Moränen $\sigma_{sg} = 18c_u$, $\tau_{mg} \approx 0,7$ bis $0,9c_u$; c_u wird dabei mit dem Faktor 1,8 gegenüber dem Mittelwert der Messung abgemindert.

Die DIN berücksichtigt die Beobachtung, daß die Mantelreibung sich mit zunehmender Setzung ziemlich unabhängig vom Pfahldurchmesser entwickelt und ihren Grenzwert bei viel geringeren Setzungen als der Spitzendruck erreicht.

q_u ist schwer zu bestimmen, wenn infolge Klüftigkeit keine Vollkerne gewonnen werden können. Es ist eine repräsentative Anzahl von Kernen zu untersuchen. In manchen Fällen läßt sich die einaxiale Druckfestigkeit q_u über Korrelationen aus dem Punktlastversuch abschätzen. Die im Vergleich zu der Festigkeit von Vollkernen herabgesetzte Festigkeit des Gebirgsverbandes ist in den konservativen Werten nach DIN E 4014 (Tabelle 2.7) bereits berücksichtigt. Man beachte jedoch, daß diese Werte nur gelten, wenn kein offenes oder mit leicht verformbaren Material gefülltes Trennflächengefüge vorhanden ist. Ferner setzen die Tabellenwerte voraus, daß der Pfahl mindestens um den halben Durchmesser, jedoch nicht weniger als 0,5 m in den Fels einbindet, daß die räumliche Orientierung der Felsoberfläche und des Trennflächengefüges keine Brucherscheinungen begünstigt und daß die Festigkeit nicht infolge des Bohrvorgangs abgemindert wird. Bei Pfählen mit Felseinbindung erwartet man i.a. keine großen Setzungen. Es wurden jedoch auch hierfür Pfahlkopfsetzungen von bis zu 10 cm beobachtet [2.3].

BEISPIEL: Für einen 17 m langen Bohrpfahl aus Beton B 25, $d = d_F = 90$ cm, soll die fiktive Lastsetzungskurve nach DIN E 4014 ermittelt werden. Der Pfahl bindet von der Geländeoberkante bis zu einer Tiefe von 13 m in Ton ($c_u = 0,15$ MN/m^2, $\gamma = 17$ kN/m^3), darunter in Sand ($q_s = 16$ MN/m^2, $\gamma = 18$ kN/m^3) ein.

LÖSUNG: Die Grenzmantelreibungskraft beträgt $Q_{mg} = \pi\, 0,9(0,008 \cdot 16 \cdot 4 + 0,11 \cdot 0,15^{0,41} \cdot 13) = 3,31$ MN; zu ihrer Mobilisierung ist die Pfahlkopfverschiebung $0,5 Q_g[\text{MN}] + 0,5 = 2,15$ cm erforderlich, die Spitzendruck-Kraft $0,2 q_s \pi\, 0,9^2/4 = 2,04$ MN ist nach einer Pfahlkopfsetzung von $d/10 = 9$ cm voll mobilisiert. Die Traglast beträgt also $Q_g = 3,31 + 2,04 = 5,35$ MN. Die Abhängigkeit der Pfahllast Q von s ist im Bild 2.1a dargestellt. Aus dem DIN-Text ist es nicht ersichtlich, ob in der Pfahlkopfsetzung s auch die elastische Zusammendrückung des Pfahl berücksichtigt ist. Ihr Betrag kann aus der Normalkraft-Linie des Pfahls (siehe Bild 2.1b) ermittelt werden:

$$s_{el} = \frac{1}{EA} \int_{z=0}^{z=17\text{m}} N(z)\,dz \quad . \tag{2.10}$$

In Gleichung 2.10 ist E der Elastizitätsmodul und A die Querschnittsfläche des Pfahls. Mit den Werten $E = 30\,000$ MN/m^2 (siehe Tabelle 12.1) und $A = \pi(0,9^2/4) = 0,64$

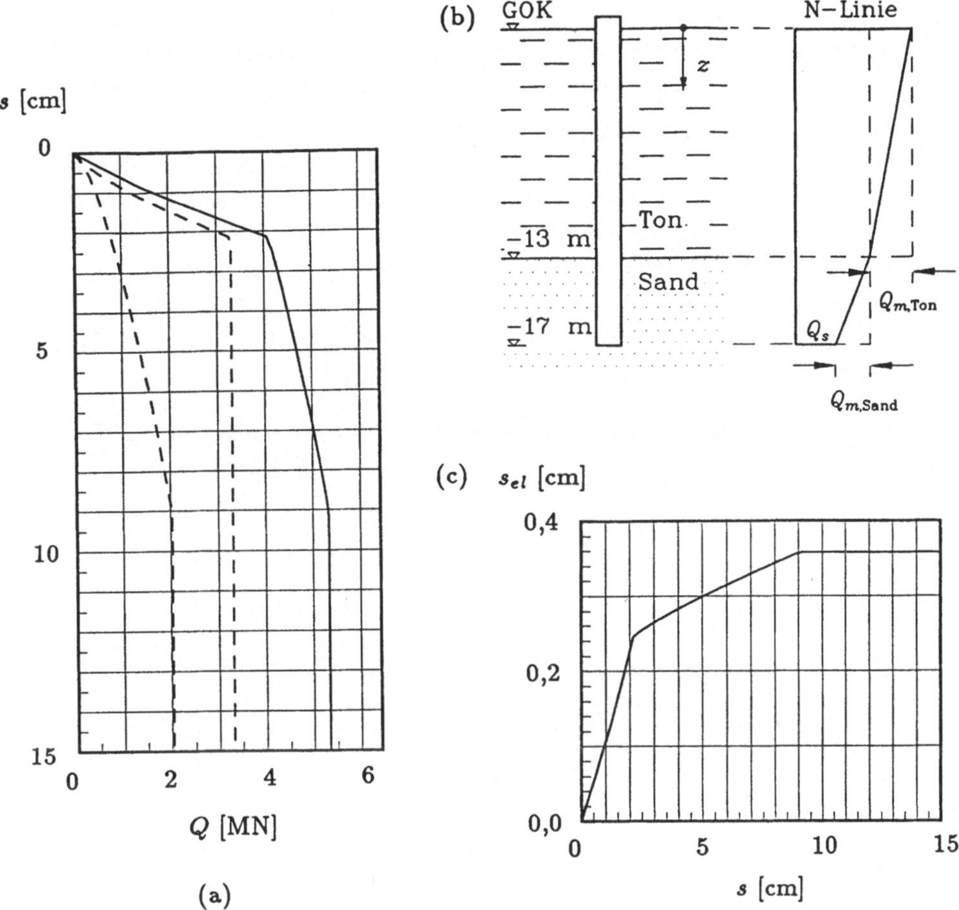

Bild 2.1 a) Lastsetzungskurve eines Pfahls nach DIN E 4014, b) N-Linie im Pfahl,
c) Verlauf der elastischen Zusammendrückung s_{el} des Pfahls dargestellt über der
Pfahlkopfsetzung s

m^2 erhält man nun:

$$s_{el} = \frac{1}{30\,000 \cdot 0,64\ \text{MN}} \left[\left(Q_s + \frac{1}{2} Q_{m,\text{Sand}} \right) \cdot 4\ \text{m} \right.$$
$$\left. + \left(Q_s + Q_{m,\text{Sand}} + \frac{1}{2} Q_{m,\text{Ton}} \right) \cdot 13\ \text{m} \right] \quad .$$

Da Q_s, $Q_{m,\text{Sand}}$ und $Q_{m,\text{Ton}}$ nach DIN 4014 von der Pfahlkopfsetzung s abhängen, ist
auch s_{el} von s abhängig. Die zugehörige Kurve ist in Bild 2.2c dargestellt. Man ersieht
daraus, daß die maximale elastische Zusammendrückung mit 0,26 cm klein gegenüber
der Setzung $s_g = 9$ cm ist, bei der der Pfahl seine volle Tragfähigkeit erreicht. Im
Rahmen der hier betrachteten fiktiven Lastsetzungskurve aus Erfahrungswerten und

der damit verknüpften geringen Genauigkeitsanforderung ist es also im vorliegenden Fall einerlei, ob die Pfahlkopfsetzung s den Anteil s_{el} bereits enthält oder nicht. Bei langen Spitzendruckpfählen könnte jedoch der Anteil von s_{el} beträchtlich sein.

Bemerkung: Wenn man die elastische Zusammendrückung des Pfahls berücksichtigt, so sieht man, daß das Vorgehen der DIN 4014, die Mobilisierung der Mantelreibung und des Spitzendrucks in Abhängigkeit von der Pfahl*kopf*verschiebung anzugeben, im Grunde genommen inkorrekt ist und lediglich als eine Vereinfachung angesehen werden darf. Für Einzelheiten sei auf [2.4, 2.5] verwiesen.

2.2 Erfahrungswerte für die Pfahltraglast Q von Bohrpfählen nach der bisherigen DIN 4014

Die Angaben der bisherigen DIN 4014 unterscheiden sich für herkömmliche Bohrpfähle (DIN 4014, Teil 1) und für Großbohrpfähle (DIN 4014, Teil 2).

Für *herkömmliche Bohrpfähle* werden Erfahrungswerte für Q_{zul} in der Tabelle 2.8 angegeben.

Tabelle 2.8. Erfahrungswerte der Pfahltraglast nach DIN 4014, Teil 1

Bohrpfähle ohne Fuß		Bohrpfähle mit Fuß	
d [cm]	Q_{zul} [kN]	d_F [cm]	Q_{zul} [kN]
30	200	60	300
35	250	70	380
40	300	80	470
50	400	90	550
		100	650

Die Tabellenwerte gelten für mindestens 5 m lange Pfähle, die mindestens 3 m in den tragfähigen Baugrund einbinden. Die erforderliche Einbindelänge reduziert sich bei Pfählen mit Fußverbreiterung auf 2,5 m. Erfolgt die Einbindung in felsähnlichen Boden oder Fels, so darf die Einbindelänge noch weiter verringert werden. Folgender Baugrund ist als *tragfähig* anzusehen:

- nichtbindiger Boden: ausreichende relative Lagerungsdichte, d.h.

$$D_n = \frac{n_{max} - n}{n_{max} - n_{min}} \left\{ \begin{array}{ll} \geq 0,4 & \text{bei} \quad U < 3 \\ \geq 0,55 & \text{bei} \quad U \geq 3 \end{array} \right. \tag{2.11}$$

mit $U = d_{60}/d_{10}$. Da die ausreichende Lagerungsdichte in situ schwer zu bestimmen ist, gilt ein Drucksonden-Spitzendruck $q_s \geq 10 \, \text{MN/m}^2$ als ein gleichwertiger Nachweis hierfür.

- bindiger Boden: halbfeste Konsistenz, d.h. $I_c \geq 1$.

Die Tabellenwerte dürfen bei *besonders tragfähigem* Baugrund um 25 % erhöht werden. Dieser wird wie folgt definiert:

- nichtbindiger Boden:

$$D_n \begin{cases} \geq 0,5 & \text{bei} \quad U < 3 \\ \geq 0,65 & \text{bei} \quad U \geq 3 \end{cases}$$

bzw.

$$q_s \geq 15 \text{ MN/m}^2 \quad ,$$

- bindiger Boden: feste Konsistenz ($I_c > 1$, $w \ll w_P$); w_P ist die Ausrollgrenze.

Bei *Großbohrpfählen* ist das Vorgehen der bisherigen DIN 4014 ähnlich wie bei DIN E 4014: Unter Aufteilung der Pfahlkraft in Spitzendruck und Mantelkraft wird ein empirisches Lastsetzungsverhalten angegeben, und man soll nachweisen, daß sowohl $Q \leq Q(s_{zul})$ als auch $Q \leq Q_g/\eta$ gilt. Allerdings differieren die Zahlenwerte geringfügig. Ferner ist in der alten DIN der Spitzendruck σ_s als Funktion der absoluten Setzung s angegeben, während in DIN E 4014 σ_s als Funktion der relativen Setzung s/d_F angegeben ist. Für Pfähle, die in Fels oder felsähnlichen Boden einbinden, werden σ_{sg}-Werte in Tabelle 2.9 in Abhängigkeit von der Gesteinsart und dem Verwitterungsgrad angegeben. τ_{mg} kann zu $\sigma_{sg}/10$ angesetzt werden.

2.3 Ermittlung des Grenz-Spitzendrucks nach Meyerhof

Die nachfolgend aufgeführten Erfahrungen und Empfehlungen Meyerhofs [2.2, 2.6] können zusätzlich zu den Angaben der DIN bei Abschätzungen herangezogen werden. Sie sollten in jedem konkreten Fall kritisch bewertet werden, da ihr Anwendungsgebiet nicht genau abgesteckt werden kann.

Auch nach dem Verfahren von Meyerhof wird die Grenzlast eines Pfahls zusammengesetzt aus den Grenzlasten des Spitzendrucks und der Mantelreibung angesetzt.

Die Grenzlast des Spitzendrucks σ_{sg} kann dabei für *rollige Böden* nach zwei verschiedenen Methoden ermittelt werden:

Methode 1: σ_{sg} wird aus Drucksondierergebnissen genommen, d.h. die Drucksonde wird als ein Modellversuch für die Pfahleindringung angesehen. Danach ist σ_{sg} gleich dem Sonden-Spitzendruck q_s, allerdings abgemindert für Tiefen $z < 10d_F$ (z ist die nach unten wachsende Tiefenkoordinate). Falls der Pfahl also nur eine Schicht durchdringt und darin einbindet, gilt:

$$\frac{\sigma_{sg}}{q_s} = \begin{cases} \dfrac{1}{10}\dfrac{z}{d_F} & \text{für} \quad z \leq 10d_F \quad , \\ 1 & \text{für} \quad z > 10d_F \quad . \end{cases} \tag{2.12}$$

Tabelle 2.9. σ_{sg} im Fels und in felsähnlichen Böden in MN/m² für weitmaschige Trennflächenabstände (nach DIN 4014)

Verwitterungszustand und Grad der mineralischen Bindung	Gesteinsart		
	Massige Erstarrungsgesteine und Metamorphite, z.B. Granit, Gneis, Basalt, Gabbro	Konglomerate Breccien, Sandstein, Kalkstein, Dolomitstein	Mergelstein, Schluffstein, Tonstein
unverwittert, sehr gute mineralische Bindung	16	11	8
angewittert, gute mineralische Bindung	9	6	4
stärker verwittert, mäßige mineralische Bindung	4	3	es gelten die Kriterien für Lockergesteine
entfestigt oder zersetzt, schlechte oder keine mineralische Bindung	es gelten die Kriterien für Lockergesteine		

Falls zwei Schichten vorliegen, oben (d.h. $0 < z \leq z_1$) eine weiche und darunter eine festere, in welche der Pfahl einbindet, so ermittelt man zunächst nach der obigen Formel den für $z = z_1$ maßgebenden Grenz-Spitzendruck σ_{sg_1} aufgrund des dort gemessenen Sondierdrucks q_{s_1}. Dazu addiert man dann den aus der Einbindung in der festeren Schicht herrührenden Anteil $\Delta\sigma_{sg}$:

$$\frac{\Delta\sigma_{sg}}{q_s - q_{s_1}} = \begin{cases} \dfrac{1}{10}\dfrac{z - z_1}{d_F} & \text{für} \quad z \leq 10 d_F + z_1 \quad, \\[2ex] 1 & \text{für} \quad z > 10 d_F + z_1 \quad. \end{cases} \tag{2.13}$$

Methode 2: σ_{sg} aus der modifizierten Grundbruchformel. Der zunächst naheliegende Gedanke, den Grenz-Spitzendruck aus der Grundbruchformel zu ermitteln (sofern man von der Einschränkung dieser Formel auf Fälle, bei denen Einbindetiefe $< 2\times$ Fundamentbreite gilt, absieht), scheitert aus zwei Gründen:

1. Im Gegensatz zur Aussage der Grundbruchformel wächst der Grenz-Spitzendruck nicht unbeschränkt mit der Tiefe. Vielmehr erreicht er ab einer bestimmten Grenztiefe einen nahezu konstanten Wert. Unterhalb dieser Tiefe bleibt σ_{sg} praktisch konstant.

2. Die Bestimmung des in die Grundbruchformel eingehenden Tragfähigkeitsfaktors N_q (bzw. λ_t) aus dem *vor* der Pfahleinbringung herrschenden Reibungswinkel φ des Bodens scheitert, da im Bereich der Pfahlspitze der Reibungswinkel durch den hohen Druck stark herabgesetzt wird.

Meyerhof empfiehlt nun, mit Rechenwerten $\overline{\varphi}$ zu rechnen, die aus den Sondierdrücken q_s über ein von ihm angegebenes Diagramm zu ermitteln sind. Dieses Diagramm läßt sich auch analytisch ausdrücken:

$$\overline{\varphi}\,[\,°] \approx 30° + 2,33\sqrt{q_s\,[\mathrm{MN/m^2}]}\quad . \tag{2.14}$$

Nach einem weiteren Diagramm von Meyerhof läßt sich eine sog. kritische Tiefe z_c in Abhängigkeit von $\overline{\varphi}$ ermitteln. Auch dieses Diagramm läßt sich analytisch darstellen:

$$z_c \approx 0,6 d_F e^{\overline{\varphi}/12}\qquad (\overline{\varphi}\ \mathrm{in}\ °)\quad . \tag{2.15}$$

Ferner liefert Meyerhof Grenzwerte für den Tragfähigkeitsfaktor N_{qg} in Abhängigkeit von $\overline{\varphi}$ und von z_F/d_F. $\quad z_F$ ist dabei die Einbindetiefe des Pfahlfußes. Die hierfür maßgebenden Diagramme von Meyerhof lassen sich ebenfalls analytisch näherungsweise ausdrücken:

$$N_{qg} \approx 0,050 \left(16 - \frac{z_F}{d_F}\right) e^{0,1206\overline{\varphi}} + 0,041 \frac{z_F}{d_F} e^{0,154\overline{\varphi}}\quad . \tag{2.16}$$

Somit erhält man den Grenzspitzendruck wie folgt:

$$\sigma_{sg} = \begin{cases} 2\sigma_{zF}\dfrac{z}{z_c} N_{qg} & \text{für}\quad 0 < z \le 0,5 z_c\quad, \\[2ex] \sigma_{zF} N_{qg} & \text{für}\quad 0,5 z_c < z \le z_c\quad, \\[2ex] \sigma_z(z = z_c) N_{qg} & \text{für}\quad z > z_c\quad, \end{cases} \tag{2.17}$$

σ_{zF} ist dabei die effektive Vertikalspannung infolge Erdauflast am Pfahlfuß.

Bei *bindigen Böden* tritt zum oben angegebenen Grenz-Spitzendruck der Term $N_c c$ hinzu. Zur Ermittlung der Anfangsstandfestigkeit setzt man den Grenzspitzendruck zu $N_c c_u$. Wird ein Porenwasserüberdruck erwartet, so darf der Grenz-Spitzendruck nicht größer als $9 c_u$ angesetzt werden. Die Werte N_c und die hierfür maßgebende Grenztiefe können ebenfalls den Diagrammen von Meyerhof entnommen werden, das genaue Vorgehen dabei geht aber aus den o.g. Schriften nicht ganz klar hervor.

2.4 Mantelreibung

Zwischen Pfahloberfläche und Erdreich wirkt — je nach Relativverschiebung — eine Schubspannung τ_m, die *Mantelreibung* genannt wird. Bewegt sich der Pfahl relativ zum Erdreich nach unten, so wirkt die Mantelreibung nach oben und erhöht somit die Tragfähigkeit des Pfahles. Es kommt aber auch vor, daß noch nicht auskonsolidierte weiche bindige Schichten sich im Verlauf der Zeit setzen. Diese und gegebenenfalls darüber liegende Schichten können dann auf den Pfahl mit einer nach unten gerichteten Mantelreibung, der sog. *negativen Mantelreibung*, wirken, die den Pfahl zusätzlich belastet.

Der Grenzwert (d.h. der maximal erreichbare Wert) τ_{mg} der Mantelreibung (genauer: der Mantelschubspannung) setzt sich aus einem Reibungs- und einem Adhäsionsanteil zusammen:

$$\tau_{mg} = \sigma_h' \tan\delta + c_a \quad . \tag{2.18}$$

σ_h' ist die effektive Horizontalspannung, δ ist der Reibungswinkel zwischen Pfahl und Erdreich (Wandreibungswinkel), c_a ist die Adhäsion.

Oft setzt man die Horizontalspannung σ_h' proportional zur effektiven Vertikalspannung an, $\sigma_h' = K\sigma_v'$ mit $K = $ const und $\sigma_v' = \gamma z$ bei Boden über dem Grundwasser ohne Auflast. Man erhält dann bei Außerachtlassung der Adhäsion:

$$\tau_{mg} = K \tan\delta\, \sigma_z = \beta\sigma_z' \tag{2.19}$$

mit $\beta := K \tan\delta$.

Setzt man $\delta = \varphi$ (rauher Mantel) und $K = K_0 = 1 - \sin\varphi$, erhält man

$$\beta = (1 - \sin\varphi)\tan\varphi \quad . \tag{2.20}$$

Der so bestimmte β-Faktor variiert wenig mit φ (für $25° \leq \varphi \leq 45°$ schwankt β im Bereich $0,24 \leq \beta \leq 0,30$) und kann hinreichend genau mit $\beta \approx 0,25$ approximiert werden.

Für *weiche bis steife Tonböden* empfiehlt Meyerhof

$$\beta = 0,35 - \frac{l\,[\mathrm{m}]}{300} \quad , \tag{2.21}$$

wobei l die Pfahlmantellänge ist. Für *halbfeste bis feste Tonböden* empfiehlt er im Bereich $50\ \mathrm{kN/m^2} \leq c_u \leq 120\ \mathrm{kN/m^2}$:

für Rammpfähle: $\beta = \dfrac{1}{70}(2c_u\,[\mathrm{kN/m^2}] - 65) \quad ,$ (2.22)

für Bohrpfähle: $\beta = \dfrac{1}{70}(c_u\,[\mathrm{kN/m^2}] - 15) \quad .$ (2.23)

Für den Wandreibungswinkel δ empfiehlt Bowles [2.7] die Werte nach Tabelle 2.11, Während Broms die in Tabelle 2.10 angegebenen Werte empfiehlt.

Tabelle 2.10. Wandreibungswinkel δ nach [2.8]. φ ist der Reibungswinkel des umgebenden Bodens.

Pfahlmaterial	δ
Stahl	$20°$
Stahlbeton	$0{,}5\varphi$
Holz	$0{,}7\varphi$

Tabelle 2.11. Wandreibungswinkel δ nach [2.7]

Stoffe	δ
Beton (bzw. Mauerwerk) gegen	
gesunden intakten Fels	$35°$
Kies, Kiessand, Grobsand	$29° - 31°$
Fein- bzw. Mittelsand, Schluff, schluffiger	
oder toniger Sandkies	$24° - 29°$
Schluff, Feinsand	$17° - 24°$
sehr steifer Ton	$22° - 26°$
steifer Ton	$17° - 19°$
Stahl gegen	
reinen Kies, Kiessand	$22°$
reiner Sand, schluffiger Sand	$17°$
schluffiger bzw. toniger Sand oder Kies	$14°$
Feinsand, Schluff	$11°$
Holz gegen Boden	$14° - 16°$, oder mehr

Es ist sehr schwer, das Seitenspannungsverhältnis $K := \sigma'_h/\sigma'_v$ zu bestimmen. Für rollige Böden kann es Werte etwa zwischen $K_a = \tan^2(45° - \varphi/2)$ und $K_p = \tan^2(45° + \varphi/2)$ einnehmen, wobei der Erdruhedruck-Koeffizient $K_0 = 1 - \sin\varphi$ dann anzusetzen ist, wenn weder eine passive (vgl. Rammpfähle) noch eine aktive (vgl. Bohrpfähle) Verschiebung des Erdreichs stattgefunden hat. Für bindige Böden kann man K_0 mit Formeln von Brooker und Ireland (nach [2.7] und [2.9]) aus dem Plastizitätsindex I_p wie folgt abschätzen:

normalkonsolidierte Böden:

$$K_0 = \begin{cases} 0{,}4 \; + 0{,}007 \, I_p \, [\%] & \text{für} \quad 0 < I_p \le 40 \\ 0{,}68 + 0{,}001(I_p \, [\%] - 40) & \text{für} \quad 40 < I_p \le 80 \end{cases}$$

bzw.

$$K_0 = 0{,}19 + 0{,}233 \ln I_p \, [\%] \quad ,$$

Tabelle 2.12. Adhäsionsfaktoren α in Abhängigkeit von c_u (nach DIN 4014)

c_u [MN/m^2]	α
0,025	1
0,1	0,4
0,2	0,25

überkonsolidierte Böden:

$$K_{0,\text{überkonsolidiert}} = K_{0,\text{normalkonsolidiert}} \cdot \text{OCR}^n$$

mit $n = 0,54 \cdot 10^{-I_p\ [\%]/281}$.

Bei Rammpfählen kann K zwischen etwa $4K_0$ und K_p schwanken. Noch schwieriger ist es, K bei überkonsolidierten bindigen Böden abzuschätzen. Man nimmt hierfür

$$K \approx (1 - \sin\varphi)\sqrt{\text{OCR}} \quad , \tag{2.24}$$

wobei OCR (<u>o</u>ver-<u>c</u>onsolidation <u>r</u>atio) das Verhältnis

$$\frac{\text{Konsolidierspannung}}{\text{aktuelle effektive Vertikalspannung}}$$

ist.

Die *Adhäsion* c_a wird proportional zu c_u angesetzt:

$$c_a = \alpha c_u \quad , \tag{2.25}$$

wobei α zwischen 0,2 und 1 schwankt. In der Tabelle 2.12 wird α abhängig von c_u dargestellt (nach DIN 4014).

Für Rammpfähle im Ton empfiehlt Broms die in Tabelle 2.13 angegebenen Adhäsionswerte.

Tabelle 2.13. Adhäsion c_a für Rammpfähle im Ton mit $c_u \leq 50$ kN/m^2 nach [2.8].

Pfahltyp	Adhäsion
Holzpfähle (ein Monat nach Rammung)	$c_a = c_u$
Stahlbetonpfähle (drei Monate nach Rammung)	$c_a = 0,8\, c_u$
Stahlpfähle (sechs Monate nach Rammung)	$c_a = 0,5\, c_u$

Tabelle 2.14. Grenzmantelreibung für Verpreßpfähle nach DIN 4128

Bodenart	τ_{mg} [MN/m²]	
	Druckpfähle	Zugpfähle
Mittel- und Grobkies	0,20	0,10
Sand und Kiessand	0,15	0,08
Bindiger Boden	0,10	0,05

Oft wird *entweder* Wandreibung *oder* Adhäsion angesetzt.

τ_{mg} nimmt mit der Tiefe nicht unbegrenzt zu. Unterhalb der für den Grenz-Spitzendruck angegebenen kritischen Tiefe $z_c = 0,6 d\, e^{\overline{\varphi}/12}$ ist τ_{mg} als konstant anzusetzen.

Für die Grenzmantelreibung von *Verpreßpfählen* empfiehlt die DIN 4128 die in der Tabelle 2.14 angegebenen Werte.

Für die *negative Mantelreibung* macht die DIN 1054 (Beiblatt) folgende Angaben:

- bei Sandschüttungen im nordeutschen Raum: $\tau_{mg} = 20$ kN/m²,

- bei erstbelasteten bindigen Böden $\tau_{mg} = c_u$ bzw. $\tau_{mg} = \sigma'_v K \tan\varphi'$.

Man beachte, daß im Verlauf der Konsolidierung, die die negative Mantelreibung verursacht, c_u erhöht wird. Strenggenommen müßte man also den Endwert von c_u bei der Berechnung der negativen Mantelreibung berücksichtigen.

Der Ansatz $\tau_m = \beta\gamma z$ mit $\beta = 0,25$ hat sich auch bewährt. Bjerrum (nach [2.2]) empfiehlt für negative Mantelreibung die in Tabelle 2.15 dargestellten Werte. In dieser Tabelle sind auch Werte eingearbeitet worden, die Broms [2.8] für Setzungsraten von ca. 10 mm/Jahr empfiehlt.

Wenn die zu erwartenden Setzungen der weichen oberen Schicht nicht hinreichend groß sind, wird keine negative Mantelreibung mobilisiert. Bei nicht voll auskonsolidierten Weichschichten, in denen die Setzungen nur noch wenige mm im Jahr betragen, braucht in der Regel keine negative Mantelreibung angesetzt zu werden [2.2].

Nach Bjerrum u.a. [2.10] kann die negative Mantelreibung durch eine 1 mm dicke Bitumenschicht auf ca. 10 % reduziert werden. Zum Schutz des Bitumens beim Rammen empfiehlt er die Verwendung eines verbreiterten Pfahlschuhs und die Auffüllung des dadurch entstehenden Spalts mit Bentonitsuspension. Die negative Mantelreibung kann auch durch Elektroosmose abgemindert werden. Eine Literaturübersicht zur Abminderung der negativen Mantelreibung findet sich in [2.11].

Wenn die aus allen sich setzenden Schichten resultierende negative Mantelreibung die dann noch verbleibende Pfahltragfähigkeit übersteigt, so wird sich der Pfahl dermaßen in den Boden hineindrücken, daß –zumindest im unteren Pfahlbereich– die Pfahlsetzung doch größer als die Setzung der umgebenden Partikel ist und dadurch eine *posi-*

Tabelle 2.15. β-Werte für negative Mantelreibung nach Bjerrum und Broms

Autor	Boden	β
Bjerrum	Schluff	0,25
	magerer Ton	0,20
	mittlerer Ton	0,15
	fetter Ton	0,10
Broms	gebrochener Fels	0,40
	Sand und Kies	0,35
	Schluff und normal-konsolidierter Ton mit $w_L \leq 50\%$	0,30
	normalkonsolidierter Ton mit $w_L > 50\%$	0,20

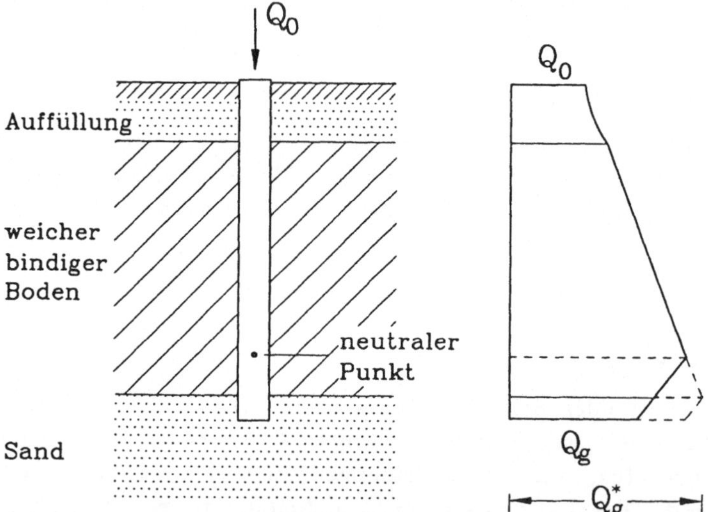

Bild 2.2 Skizze zur Erläuterung des neutralen Punkts. Wenn die Pfahltragfähigkeit im Sand mindestens Q_g^* betragen würde, so wäre der Pfahl im gesamten Bereich der bindigen Schicht mit negativer Mantelreibung beaufschlagt. Da aber $Q_g < Q_g^*$ ist, versinkt der Pfahl dermaßen im Boden, daß im Bereich unterhalb des neutralen Punktes *positive* Mantelreibung geweckt wird.

tive Mantelreibung mobilisiert wird (vgl. [2.12] und Bild 2.2). Der Punkt, unterhalb dessen die Mantelreibung positiv ist, heißt *neutraler Punkt*.

2.5 Erfahrungswerte für Rammpfähle

Für Druckpfähle, die mindestens 5 m lang sind, gibt die DIN 4026 Tabellen für Q_{zul} (in kN) in Abhängigkeit von der Einbindelänge und dem Fußdurchmesser an (siehe Tabelle 2.16). Der *tragfähige* Baugrund ist genauso wie in der DIN 4014, Teil 1 definiert, ebenso der *besonders tragfähige* Baugrund, für den eine 25 %-ige Erhöhung der Tabellenwerte zugelassen ist.

Tabelle 2.16. Tragfähigkeiten von Rammpfählen nach DIN 4026

Einbindetiefe im tragfähigen Boden [m]	Holzpfähle $d_{\text{Fuß}}$ [cm]					Stahlbeton- und Spannbetonpfähle mit quadratischem Querschnitt Seitenlänge a [cm]				
	15	20	25	30	35	20	25	30	35	40
3	100	150	200	300	400	200	250	350	450	550
4	150	200	300	400	500	250	350	450	600	700
5	–	300	400	500	600	–	400	550	700	850
6	–	–	–	–	–	–	–	650	800	1000

Die in der DIN 4026 aufgeführten Tabellenwerte für Stahlpfähle liegen nicht immer auf der sicheren Seite und werden z.Z. überarbeitet.

Erfahrungswerte von Schenck für Rammpfähle, aufgeteilt in Spitzendruck und Mantelreibung, finden sich auch in [2.2, S. 485].

Für Franki-Ortrammpfähle werden die in der Tabelle 2.17 zusammengestellten Tragfähigkeiten berichtet [2.13].

2.6 Zugpfähle

Zugpfähle tragen nur über Mantelreibung. Sie versagen entweder bei Erreichen der Grenzmantelreibung oder durch Herausziehen des sie umgebenden Erdkegels. Die Traglast eines Zugpfahls kann also nicht größer aber durchaus geringer als das Gewicht eines Erdkegels um den Pfahl herum sein. Da bei Erreichen der Grenzlast keine Reserven vorhanden sind, sind für Zugpfähle höhere Sicherheiten vorgeschrieben. DIN E 4014 schreibt für Zugpfähle die in der Tabelle 2.18 aufgeführten Sicherheiten vor.

Nach DIN 4026 darf bei gerammten Zugpfählen eine Mantelreibung von 25 kN/m^2 angesetzt werden.

Tabelle 2.17. Beispiele für Tragfähigkeiten von Franki-Ortrammpfählen (Fa. Franki)

d	Q_{zul} (Druck)	Q_{zul} (Zug)
[mm]	[kN]	[kN]
335	900	250
400	1250	380
420	1350	400
500	1600	500
560	2000	560
610	2400	610

Tabelle 2.18. Erforderliche Sicherheiten für Zugpfähle

Lastfall	η
1	2
2	2
3	1,75

2.7 Pfahl-Eigengewicht

Obwohl es aus dem DIN-Text nicht immer eindeutig zu entnehmen ist, ist es sinnvoll anzunehmen, daß alle Erfahrungswerte für die zulässige Pfahlbelastung Q_{zul} vom Pfahleigengewicht bereinigt sind, d.h. Q_{zul} ist die auf den Pfahlkopf einleitbare Kraft.

2.8 Vertikales Tragverhalten von offshore-Pfählen

Durch ihre Dimensionen und ihre Beanspruchung fallen die offshore-Pfähle aus dem Rahmen der sonst eingesetzten Pfähle. Die für sie maßgebenden Erfahrungen können wie folgt zusammengefaßt werden [2.15]:

Die Traglast der in der Regel eingesetzten offenen Stahlrohre (Außendurchmesser d_a, Innendurchmesser d_i, Wandstärke $t = (d_a - d_i)/2$) wird — unter Vernachlässigung des Pfahlgewichts — angesetzt zu

$$Q_g = Q_{go} = A_F \sigma_s + A_{ma} \tau_{ma} + A_{mi} \tau_{mi} \quad . \tag{2.26}$$

Hierbei sind

$$A_F = \pi t (d_a - t) = \text{Fußfläche},$$

$$A_{ma} = \pi d_a l = \text{äußere Mantelfläche},$$

$$A_{mi} = \pi d_i l = \text{innere Mantelfläche},$$

τ_{ma} bzw. τ_{mi} = äußere bzw. innere Wandreibung.

Bei mehreren Schichten ist $A_{ma}\tau_{ma} + A_{mi}\tau_{mi}$ durch $\sum_j A_{maj}\tau_{ma,j} + \sum_k A_{mik}\tau_{mik}$ zu ersetzen.

Zusätzlich wird der Pfahlfuß als verschlossen betrachtet, und die Traglast nach dem herkömmlichen Ansatz ermittelt:

$$Q_g = Q_{gv} = A_F\sigma_s + \sum_j A_{mj}\tau_{mj} \quad , \tag{2.27}$$

mit

$A_F = (\pi d_a^2)/4 = $ Fußfläche,

$A_{mj} = \pi d_a l_j = $ äußere Mantelfläche in der Schicht Nr. j.

Das kleinere Q_g wird dann als der maßgebende Wert genommen. Für weiche Tone und Schluffe mit geringem Spitzendruck erweist sich die zweite Formel als maßgebend, während für dichte Sande die erste Formel entscheidend ist.

Bei Zugpfählen ist nur die äußere Mantelfläche maßgebend:

$$Q_{g,\text{Zug}} = \sum_j A_{maj}\tau_{maj} \quad , \tag{2.28}$$

das Eigengewicht wird ebenfalls vernachlässigt.

Die Grenzwerte des Spitzendrucks und der Mantelreibung, d.h. die Werte σ_{sg} unf τ_{mg}, werden hauptsächlich nach der API- (American Petroleum Institute) oder nach der CPT- (cone penetration test) Methode ermittelt:

API-Methode:

Sand: $\sigma_{sg} = N_q\sigma_z'$, mit $\sigma_z' = $ effektive Vertikalspannung und $N_q = $ reibungsabhängiger Tragfähigkeitsbeiwert ($8 \leq N_q \leq 40$).

 $\tau_{mg} = K\varrho\sigma_z'\tan\delta$, mit $K = \sigma_h'/\sigma_v' = 0,7$ bis $1,0$; $\varrho = 1$ für Druck und $\varrho = 0,7$ für Zug; $\delta = \varphi - 5° = $ Wandreibungswinkel zwischen Stahl und Sand.

Ton: $\sigma_{sg} = 9c_u$.

 $\tau_{mg} = \alpha c_u$ ($0,5 \leq \alpha \leq 1$, vgl. Tabelle 2.12)

CPT-Methode:

Der Unterschied zur API-Methode besteht darin, daß man hier anstelle der labormäßig zu bestimmenden Werte φ und c_u den Sondierspitzendruck q_s aus Feldmessungen heranzieht. Die Feldaufzeichnungen werden nach der Koppejan-Methode (siehe Abschnitt 5.2.2) ausgewertet. Es werden z.T. dieselben Formeln wie bei der API-Methode verwendet, wobei jedoch angesetzt wird:

$c_u = q_s/N_q$; für Nordsee-Tone variiert N_q zwischen 15 und 20

$\tau_{mg} = \beta q_s$; $\beta = 1/300$ für Druck; $\beta = 1/400$ für Zug

σ_{sg} ergibt sich als Funktion von q_s, d, z_F (hier nicht angegeben). Erfahrungsmäßig wird die Scherfestigkeit nichtbindiger Böden beim Rammen vermindert. Daher sind die Sondierspitzendrucke q_s mit dem Faktor[2]

$$\text{Min}\left(\frac{q_\infty}{q_s}, \zeta\right)$$

zu reduzieren, wobei $q_\infty = 15$ MN/m^2 und
$\zeta = 1$: Feinsand bis Grobsand, OCR $= 1$
$\zeta = 2/3$: kiesiger Sand, Sand mit OCR $= 2$ bis 4
$\zeta = 1/2$: Feinkies und Sand mit OCR $= 6$ bis 10
anzusetzen ist.

Für Stahlrohrpfähle in Ton hat sich die Formel von Vijayvergiya/Focht [2.2] bewährt:

$$\tau_{mg} = \lambda\left(\frac{1+2K}{3}\gamma z + 2c_u\right) \quad . \tag{2.29}$$

λ erhält man in Abhängigkeit von der Pfahleinbindetiefe l aus einem empirischen Diagramm, das durch die Beziehung: $\lambda = 0,54(l[\text{m}])^{-0,37}$ hinreichend genau approximiert werden kann.

2.9 Schwell- und Wechselbelastung

Gemeint sind Pfahllasten von der Art $Q \pm \Delta Q$. Hierbei wird der Lastwechsel ΔQ wiederholt aufgebracht. Man spricht daher auch von *zyklischer* Belastung. Für $\Delta Q > Q$ liegt *Wechselbelastung*, sonst *Schwellbelastung* vor. Die üblicherweise auftretenden Schwellbelastungen mit $\Delta Q \leq 0,5Q$ beeinträchtigen kaum das Tragverhalten von Pfählen [2.2]. Bei voller Schwellbeanspruchung ($\Delta Q \approx Q$) ist jedoch mit einer Abnahme der Mantelreibung zu rechnen.

Wechselbelastungen verschlechtern erheblich das Tragverhalten, auch wenn der Zuglastanteil gering ist.

Aufgrund von Versuchen in sandigen Böden empfiehlt Koreck [2.16] die in der Tabelle 2.19 angegebenen Abminderungsfaktoren für Reibungspfähle.

Auch im offshore-Bereich liegen wenige Erfahrungen hinsichtlich der Auswirkung von Schwell- und Wechselbelastung vor [2.15]. Man geht davon aus, daß das Tragverhalten beeinträchtigt wird, sobald die zyklisch veränderte Pfahlkraft ΔQ den Wert $0,7Q_g$ (für Spitzendruckpfähle) bzw. $0,3Q_g$ (für schwimmende Pfähle, d.h. für Pfähle, die hauptsächlich über Mantelreibung tragen) überschreitet. Messungen ergaben jedoch, daß die zyklischen Lasten oft erheblich überschätzt werden.

---

[2] Die Schreibweise Min(a,b) bedeutet, daß man aus den Größen a und b die kleinere wählen soll

Tabelle 2.19. Empfehlungen von Koreck für zyklisch belastete Reibungspfähle

Belastungsart	zykl Q_g/stat Q_g
Wechselbelastung	
Lastwechsel > 10 000	0,2
Lastwechsel < 10 000	0,4
Schwellbelastung	
Lastwechselzahl > 100 000	0,5
Lastwechselzahl < 100 000	0,8

3 Horizontale Tragfähigkeit

3.1 Seitliche Pfahlbelastung

Wird ein Pfahl infolge Querbelastung seitlich ausgelenkt, so weckt er im Boden Reaktionskräfte (siehe Bild 3.1). Das Tragverhalten resultiert aus der Wechselwirkung zweier ganz unterschiedlicher Körper, des Pfahls und des Bodens. Da das zugrundeliegende dreidimensionale mechanische Problem noch ungelöst ist, versucht man, mit dem sog. Bettungsmodulverfahren approximative Lösungen zu bekommen.

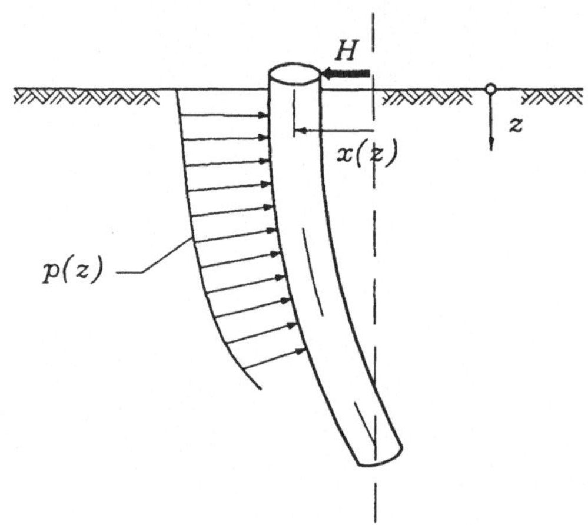

Bild 3.1. Seitlich belasteter Pfahl

Die auf den Pfahl einwirkenden Bodenkräfte werden als eine Streckenlast $p(z)$ aufgefaßt. Bei jeder Tiefe z wird $p(z)$ proportional zur Pfahlauslenkung $x(z)$ angesetzt:

$$p = kx \quad . \tag{3.1}$$

k heißt *Bettungsmodul* und hat die Dimension Kraft/Länge^2. Wenn sich auch der Boden bewegt (vgl. Abschnitt 3.4), so ist statt der Pfahlauslenkung x die Relativverschiebung zwischen Pfahl und Boden zu nehmen.

> Bemerkung: Gelegentlich wird nicht die Streckenlast p, sondern die *Horizontalspannung* σ_h als proportional zur Auslenkung angesetzt, $\sigma_h = k^*x$. Die Proportionalitätskonstante k^* wird ebenfalls Bettungsmodul genannt. Sie hat aber dann die Dimension Kraft/Länge^3. Beide Ansätze lassen sich ineinander überführen mit $p = \sigma_h d$, wo d der Durchmesser bzw. die Breite des Pfahls ist. Es ist also $k = k^*d$.

Mangels genauer Kenntnis wird der Bettungsmodul oft dem Steifemodul E_s gleichgesetzt.

Der Steifemodul wird üblicherweise über den Ödometerversuch bestimmt. Da er spannungsabhängig ist (er wächst mit der Spannung), kann er nur in bestimmten Spannungsbereichen als annähernd konstant angesehen werden. Seine Spannungsabhängigkeit bedingt, daß er — insbesondere bei nichtbindigen Böden — mit der Tiefe wächst. Gerade aber bei nichtbindigen Böden kann er experimentell kaum bestimmt werden, da weder ungestörte Bodenproben entnommen werden können, noch die in-situ Dichte bestimmt werden kann. Deshalb empfiehlt Terzaghi (nach [3.1]), bei Sand E_s bzw. k linear mit der Tiefe zunehmend anzusetzen:

$$k = k_R z \quad ,$$

und k_R empirisch über den Sondierspitzendruck q_s zu bestimmen (siehe Tabelle 3.1).

Tabelle 3.1. k_R-Faktoren nach Terzaghi

q_s [MN/m^2]	k_R [MN/m^3]
5 – 10	2
10 – 15	6,5
> 15	18

Unterhalb des GW-Spiegels ist k_R auf $0,6 k_R$ herabzusetzen. Für *bindige* Böden empfiehlt Sherif (nach [3.1]) einen über die Tiefe konstanten Bettungsmodul (siehe Tabelle 3.2).

Tabelle 3.2. Bettungsmodule bindiger Böden nach Sherif

Konsistenz	k [MN/m^2]
steif	8
halbfest	16
fest	32
bzw. $k = 160 \cdot c_u$	

Für die nachfolgenden Berechnungen wird ein über die Tiefe konstanter Bettungsmodul angesetzt. Unter der Einwirkung der Horizontallast H (es wird hier angenommen, daß diese an der Erdoberfläche angreift, siehe Bild 3.2) und der Streckenlast $p(z)$ wird der Pfahl nach Maßgabe der Balkenbiegungs-Differentialgleichung ausgelenkt:

$$EI\frac{\mathrm{d}^4 x}{\mathrm{d}z^4} = -kx \quad . \tag{3.2}$$

Ihre allgemeine Lösung lautet:

$$x(z) = \sinh\zeta(C_1\sin\zeta + C_2\cos\zeta) + \cosh\zeta(C_3\sin\zeta + C_4\cos\zeta) \tag{3.3}$$

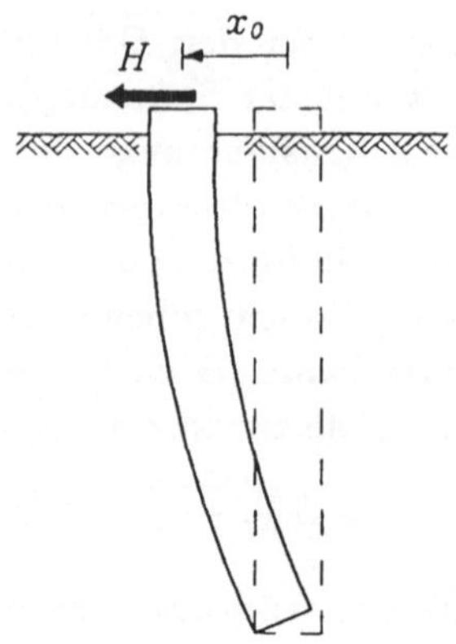

Bild 3.2. Horizontal belasteter Pfahl. Die Horizontalkraft H greift in Höhe der Erdoberfläche an, der Pfahlkopf ist momentenfrei. Dieser Fall ist für die horizontale Probebelastung (siehe Abschnitt 6.2) praktisch relevant

$$\text{mit} \quad L := \sqrt[4]{\frac{4\,EI}{k}} \quad (\textit{elastische Länge}) \quad \text{und} \quad \zeta := \frac{z}{L} \quad .$$

Die vier freien Konstanten C_1, C_2, C_3, C_4 werden unter Berücksichtigung der vier Randbedingungen festgelegt, welche die Lagerung des Balkens beschreiben. Nehmen wir an, der Pfahl sei an seinem unteren Ende (d.h. bei $z = l$) frei aufgelagert, d.h. $M(l) = 0$, $Q(l) = 0$. Am oberen Ende soll gelten: $M(0) = 0$, $Q(0) = -H$. Ausgehend von den bekannten Beziehungen $EIx'' = -M$ und $EIx''' = -Q$ haben wir also:

$$x''(l) = 0 \quad , \quad x'''(l) = 0 \quad , \quad x''(0) = 0 \quad , \quad x'''(0) = H/(EI) \quad .$$

Einsetzen der Randbedingungen ergibt ein lineares Gleichungssystem für C_1, C_2, C_3, C_4. Mit $\lambda := l/L$ lautet schließlich die Lösung [3.2]:

$$x = \frac{2H}{kL} \frac{\sinh \lambda \cos \zeta \cosh(\lambda - \zeta) - \sin \lambda \cosh \zeta \cos(\lambda - \zeta)}{\sinh^2 \lambda - \sin^2 \lambda} \quad , \tag{3.4}$$

$$M = -HL \frac{\sinh \lambda \sin \zeta \sinh(\lambda - \zeta) - \sin \lambda \sinh \zeta \sin(\lambda - \zeta)}{\sinh^2 \lambda - \sin^2 \lambda} \quad . \tag{3.5}$$

Demnach beträgt die Horizontalverschiebung am Kopf ($z = 0$):

$$x_0 := x(z = 0) = \frac{2H}{kL} \frac{\sinh \lambda \cosh \lambda - \sin \lambda \cos \lambda}{\sinh^2 \lambda - \sin^2 \lambda} \quad . \tag{3.6}$$

Es herrscht also ein lineares Kraft-Verschiebungsgesetz, und die Proportionalitätskonstante ist (sofern man von der L-Abhängigkeit von λ absieht) proportional zu $k^{3/4}$. Ebenfalls unter Außerachtlassung der Ausdrücke mit λ erweist sich das Biegemoment als proportional zu LH bzw. proportional zu $k^{1/4}$. Man ersieht daraus, daß die genaue Bestimmung von k sich bei der genauen Bestimmung von x_0 stärker bemerkbar macht als bei der Bestimmung des maßgebenden Biegemomentes. Deswegen ist in DIN 4014 die Näherung $k \approx E_s$ nur zur Ermittlung der Biegemomente zugelassen. Soll hingegen die Verschiebung oder die Verdrehung des Pfahlkopfs berechnet werden, ist k mit Hilfe einer Probebelastung zu bestimmen. In Bild 3.3a ist die dimensionslose Pfahlkopfverschiebung $x_0 kL/H$ über der "Schlankheit" λ nach (3.6) aufgetragen. Das mit Hilfe von (3.5) berechnete dimensionslose maximale Biegemoment $|M|_{\mathrm{max}}/HL$ ist über λ im Bild 3.3b aufgetragen.

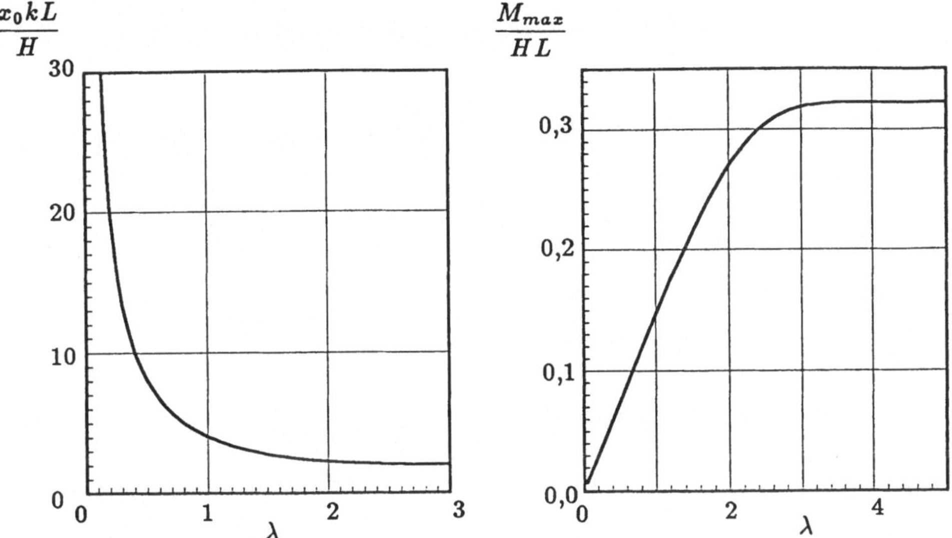

Bild 3.3. Dimesionslose Auftragung der horizontalen Nachgiebigkeit des Pfahlkopfs nach Gleichung 3.6 (a) und des nach Gleichung 3.5 berechneten maximalen Biegemomentes $|M|_{\mathrm{max}}$ (b) eines am Pfahlkopf gelenkig angeschlossenen Pfahls

Für den Fall, daß der Pfahlkopf unverdrehbar mit der Kopfplatte verbunden ist (siehe Bild 3.4), lauten die Randbedingungen:

$$x''(l) = 0 \quad , \quad x'''(0) = 0 \quad , \quad x'(0) = 0 \quad , \quad x'''(0) = H/(EI) \quad .$$

Anstelle der Gleichungen 3.4 und 3.5 treten dann folgende Gleichungen als Lösung der Differentialgleichung 3.2 auf

$$x = \frac{H}{kL} \frac{A + B + C}{\sinh\lambda\cosh\lambda + \sin\lambda\cos\lambda} \tag{3.7}$$

mit

$$A = \sinh\lambda[\cosh(\lambda - \zeta)\sin\zeta + \sinh(\lambda - \zeta)\cos\zeta] \quad ,$$
$$B = -\sin\lambda[\cosh\zeta\sin(\lambda - \zeta) + \sinh\zeta\cos(\lambda - \zeta)] \quad ,$$
$$C = 2\cosh\zeta\cos\zeta \quad .$$

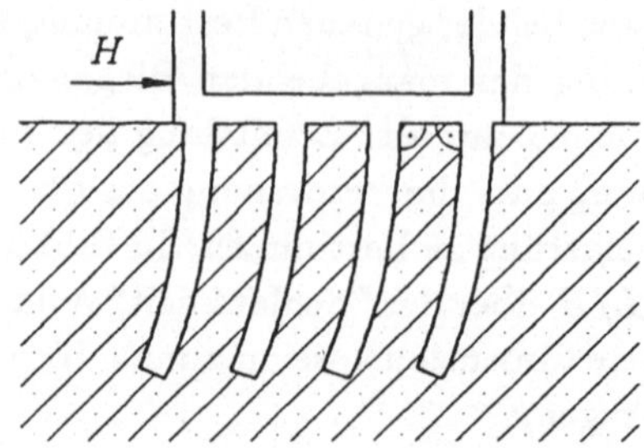

Bild 3.4. Am Fundament eingespannte Pfähle

$$M = -HL \frac{D + E + F}{\sinh\lambda\cosh\lambda + \sin\lambda\cos\lambda} \tag{3.8}$$

mit

$$D = \sinh\lambda[\cosh(\lambda - \zeta)\sin\zeta - \sinh(\lambda - \zeta)\cos\zeta] \quad ,$$
$$E = -\sin\lambda[\cosh\zeta\sin(\lambda - \zeta) - \sinh\zeta\cos(\lambda - \zeta)] \quad ,$$
$$F = -2\cosh\zeta\cos\zeta \quad .$$

Die Horizontalverschiebung am Kopf beträgt dann:

$$x_0 := x(z = 0) = \frac{H}{kL} \frac{\cosh^2\lambda + \cos^2\lambda}{\sinh\lambda\cosh\lambda + \sin\lambda\cos\lambda} \quad . \tag{3.9}$$

Auswertungen der Gleichungen 3.8 und 3.9 sind im Bild 3.5 graphisch dargestellt.

Für $EI = \infty$ liegt ein *starrer* Pfahl vor (solch ein Pfahl wird auch "gedrungen" bzw. "kurz" genannt. Etwas detaillierter wird ein Pfahl "starr" genannt bei $0 < \lambda < 1$, "gedrungen" bei $1 < \lambda < 5$ und "schlank" bei $\lambda > 5$, mit $\lambda = l/L$.). Hierfür läßt sich die Streckenlast aus den beiden Gleichungen $\Sigma H = 0$ und $\Sigma M = 0$ ermitteln. Der Drehpunkt des starren Pfahls liegt in der Tiefe αl (siehe Bild 3.6). Für den Fall über die Tiefe *konstanter* Bettung, $k = $ const, ergibt sich aus diesen Gleichungen:

$$\alpha = \frac{2}{3} \quad , \quad H = \frac{kl}{4}x_0 \quad , \quad M_{\mathrm{max}} = \frac{4}{27}Hl \quad .$$

Für eine *mit der Tiefe linear zunehmende Bettung* $k = k_R z$ ergibt sich:

$$\alpha = \frac{3}{4} \quad , \quad H = \frac{k_R l^2}{18}x_0 \quad , \quad M_{\mathrm{max}} = 0,26 Hl \quad ,$$

also ebenfalls ein lineares Kraft-Verschiebungsgesetz.

Diskussion:

Der Bettungsansatz stellt eine erhebliche Vereinfachung des vorliegenden mechanischen Problems dar, und zwar auch dann, wenn die Bettung nichtlinear in x und z

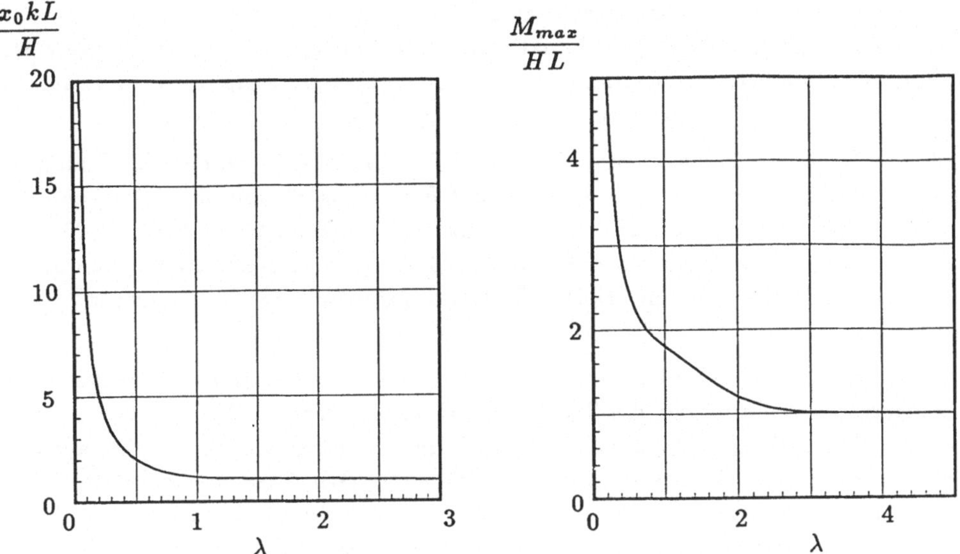

Bild 3.5. Dimensionslose Auftragung der horizontalen Nachgiebigkeit des Pfahlkopfs nach Gleichung 3.9 (a) und des nach Gleichung 3.8 berechneten maximalen Biegemoments $|M|_{\max}$ (b) für einen Pfahl mit eingepanntem Pfahlkopf

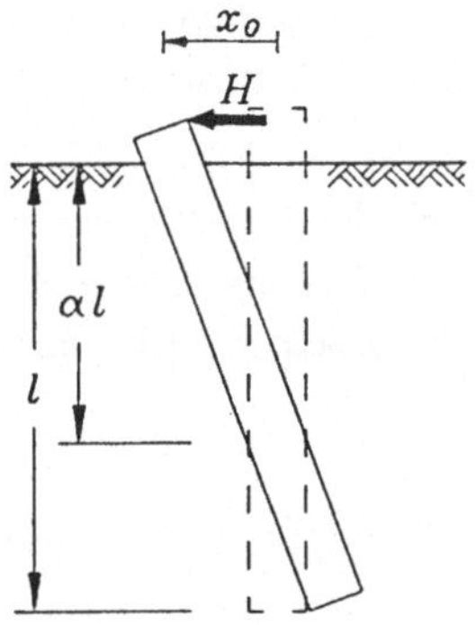

Bild 3.6. Starrer Pfahl mit horizontaler Belastung

angesetzt wird. Die Einschränkung liegt darin, daß nach dem Bettungsansatz die in der Tiefe z geweckte Bodenkraft p *nur* von der Auslenkung x in *dieser* Tiefe abhängt. In Anbetracht des komplizierten mechanischen Verhaltens des Bodens sollte man streng genommen annehmen, daß die Funktion $p(z)$ von der *gesamten* Funktion $x(z)$ abhängt (d.h. daß $p(z)$ ein Funktional von $x(z)$ ist), sowie von der Vorgeschichte dieser Funktion. Diese Vorgehensweise ist jedoch äußerst kompliziert, und man muß einräumen, daß ein geschickt gewählter Bettungsansatz realistische Ergebnisse liefert.

Für die Näherung $k \approx E_s$ verlangt die DIN die Einschränkung, daß der Pfahldurchmesser $d \leq 1$ m ist. Für $d > 1$ m soll mit $k = (d/d_0)E_s$ und $d_0 = 1$ m gerechnet werden. Darüber hinaus darf die Auslenkung den Wert 2 cm bzw. $0{,}03d$ nicht überschreiten. Ferner dürfen die mit dem Bettungsansatz ermittelten Spannungen im oberen Pfahlbereich den passiven Erddruck (ermittelt mit $K_p = \tan^2(45° + \varphi/2)$) nicht überschreiten.

Außer der konstanten und der linearen sind auch weitere Verteilungen für den Verlauf des Bettungsmoduls über die Tiefe vorgeschlagen worden, z.B. $k(z) = x_1\sqrt{z}$ oder $k(z) = x_2\left[2(z/l) - (z/l)^2\right]$ usw. Die Auswirkung der unterschiedlichen Annahmen ist in [3.3] dargestellt. Man ersieht daraus, daß — je nach Ansatz — die Pfahlkopfverschiebungen um den Faktor 4 und die Maximalmomente um den Faktor 2 differieren können. Für drei verschiedene Verteilungen (konstant, linear und parabolisch) gibt Titze Diagramme [3.4] an, aus denen die Schnittkräfte sowie die Pfahlkopfverschiebung und -verdrehung abgelesen werden können. Sherif hat erweiterte Tabellen für 13 verschiedene Verteilungen von k aufgestellt [3.5].

Das (lineare oder nichtlineare) Anwachsen von p mit x ist dadurch beschränkt, daß bei Erreichen eines bestimmten Grenzwertes von p, des sog. Fließdrucks p_f, der Boden um den Pfahl fließt bzw. der Pfahl den Boden durchpflügt. p bleibt dann bei weiterem Anwachsen von x konstant. Weiteres dazu im Abschnitt 3.3.

Betrachtet man einen *unendlich langen Pfahl* (d.h. ersetzt man die o.g. Randbedingungen $M(l) = 0$, $Q(l) = 0$ durch die Randbedingungen $M(\infty) = 0$, $Q(\infty) = 0$), so vereinfacht sich die mathematische Lösung erheblich. Falls an der Geländeoberfläche außer der Horizontalkraft H auch noch ein Biegemoment M_0 wirkt, erhält man bei konstanter linearer Bettung:

$$x = \frac{2H}{Lk}e^{-\zeta}\cos\zeta + \frac{2M_0}{L^2k}e^{-\zeta}(\cos\zeta - \sin\zeta) \tag{3.10}$$

$$M = -HLe^{-\zeta}\sin\zeta - M_0e^{-\zeta}(\cos\zeta + \sin\zeta) \tag{3.11}$$

(vgl. gedämpfte Schwingung). Man kann diese Lösung für schlanke Pfähle mit $l \geq 3L$ heranziehen und begeht dabei einen geringen Fehler ($\leq 4\%$). Dies ist auch aus Bild 3.3 ersichtlich: Beide Kurven erreichen bei etwa $\lambda = 3$ eine horizontale Asymptote.

Die in der DIN 4014 empfohlene Ermittlung von k aus Probebelastungen erscheint problematisch, da aus der Bettungstheorie ein lineares Kraft-Verschiebungsgesetz resultiert, wohingegen Probebelastungen i.d.R. nichtlineare Kraft-Verschiebungsbeziehungen ergeben. Aus demselben Grund erscheint die Bestimmung der Verteilung des Bettungsmoduls über die Tiefe durch Probebelastungen schwierig.

3.2 Grenzlast von horizontal belasteten Pfählen

Die vorangehend aufgeführten Betrachtungen beziehen sich auf das Formänderungsverhalten, das aus der Elastizität des Pfahls und aus seiner Einbettung im Boden herrührt. Die horizontale Pfahlbelastung ist durch das Erreichen der Grenzlast beschränkt. Es kann nämlich das Tragvermögen sowohl des Bodens ("äußere Tragfähigkeit") als auch des Pfahls ("innere Tragfähigkeit") erschöpft werden.

Die Größe des Fließdrucks p_f und seine Verteilung über die Tiefe z sind noch nicht genau bekannt. Es gibt mehrere Vorschläge:

Für *bindige* Böden setzt man

$$p_f \approx (5 \text{ bis } 7)c_u \quad . \tag{3.12}$$

Dieser Wert wird in der Nähe der Oberfläche reduziert, da dort der Boden auch nach oben ausweichen kann. Man kann in Anlehnung an die Erddrucktheorie annehmen, daß $p_f = 2c_u$ für $z = 0$, und daß der volle Wert erst in der Tiefe $3d$ erreicht wird.

Brinch Hansen [3.6] setzt an:

$$p_f = \sigma_z' K_q + cK_c \quad . \tag{3.13}$$

Die Tragfähigkeitsfaktoren K_q und K_c werden in Form von Diagrammen als Funktionen von φ und z/d angegeben [3.6, 3.7].

Broms [3.8] nimmt vereinfachend an:

$$\text{für } \textit{bindige} \text{ Böden}: \quad p_f = \begin{cases} 0 & \text{für} \quad 0 \le z < 1{,}5d \\ 9c_u & \text{für} \quad z \ge 1{,}5d \end{cases} \tag{3.14}$$

$$\text{für } \textit{nichtbindige} \text{ Böden}: \quad p_f = 3K_p\sigma_z' = 3\tan^2(45° + \varphi/2)\sigma_z' \tag{3.15}$$

Für offshore-Pfähle [3.9] wird der Fließdruck im Ton zu $p_f = Nc_u$ angesetzt. Dabei ist im *weichen* Ton:

$$N = \begin{cases} 3 + \dfrac{\gamma' z}{c_u} + \dfrac{z}{4d} & \text{für} \quad 0 < z \le z_c \\[2mm] 9 & \text{für} \quad z > z_c \end{cases} \tag{3.16}$$

mit

$$z_c = \frac{6d}{\dfrac{\gamma' d}{c_u} + \dfrac{1}{4}} \quad ,$$

und im *steifen* Ton:

$$N = \begin{cases} 2 + \dfrac{\gamma' z}{c_u} + 2{,}83\dfrac{z}{d} & \text{für} \quad 0 < z < z_c \\[2mm] 11 & \text{für} \quad z > z_c \end{cases} \tag{3.17}$$

mit

$$z_c = \frac{9d}{\dfrac{\gamma' d}{c_u} + 2,83} \quad .$$

γ' ist die effektive Wichte (Auftriebsraumgewicht).

Unter der Annahme, daß überall im Boden der Fließdruck erreicht ist, kann man die Grenzlast H_g aus den Gleichungen $\Sigma H = 0$ und $\Sigma M = 0$ ermitteln. Für einen Pfahl, der über der Geländeoberkante um die Länge a herausragt und mit der Länge l in den Boden einbindet (vgl. Bild 3.7), ergibt sich mit *über die Tiefe konstantem Fließdruck*:

$$H_g = l p_f \left(2\sqrt{\left(\frac{a}{l}\right)^2 + \frac{a}{l} + \frac{1}{2}} - 2\frac{a}{l} - 1 \right) \tag{3.18}$$

$$M_{\text{max},g} = H_g \left(a + \frac{l}{3} \right) - \frac{1}{18} p_f l^2 \tag{3.19}$$

Bemerkung: Der im oberen Bereich verminderte Fließdruck kann entsprechend der Annahme von Broms dadurch berücksichtigt werden, daß l um den Betrag $1,5d$ verringert und a um denselben Betrag vergrößert wird.

Für den Fall eines *linear mit der Tiefe zunehmenden Fließdrucks* gestalten sich die entsprechenden Gleichungen etwas komplizierter: Sei p_o der Fließdruck an der Erdoberfläche und p_u der Fließdruck am Pfahlfuß. Der Drehpunkt des als starr angenommenen Pfahls bzw. der Belastungsnullpunkt liegt in der Tiefe αl. α läßt sich als Lösung folgender kubischer Gleichung ermitteln:

$$4\alpha^3 + 6\alpha^2 \left(\frac{a}{l} + \frac{p_o}{p_u - p_o} \right) + \alpha \frac{a}{l} \frac{12 p_o}{p_u - p_o} - 3\frac{a}{l}\frac{p_u + p_o}{p_u - p_o} - \frac{2p_u + p_o}{p_u - p_o} = 0 \quad . \tag{3.20}$$

Obige Gleichung läßt sich numerisch (etwa durch Probieren) lösen. Mit dem so ermittelten α erhält man dann H_g aus der Gleichung:

$$\frac{H_g}{p_u l} = \left(1 - \frac{p_o}{p_u} \right) \alpha^2 + 2\frac{p_o}{p_u}\alpha - \frac{1}{2}\left(1 + \frac{p_o}{p_u} \right) \quad . \tag{3.21}$$

Die nach (3.20) und (3.21) berechnete Grenzlast H_g ist im Bild 3.7 in dimensionsloser Form aufgetragen. Verwandt dazu ist das Verfahren nach Blum zur Ermittlung der Grenzlast von Dalben.

> *Dalben* sind Pfähle, deren oberes Ende aus der Wasseroberfläche herausragt. Sie werden in Häfen und Seewasserstraßen eingesetzt, um Schiffsstöße aufzufangen (Anfahrdalben) bzw. um das Anlegen von Schiffen zu ermöglichen (Festmachedalben). Weiteres dazu kann aus [3.10] entnommen werden.

Die aus dem Jahre 1932 stammende Dalbenberechnung von Blum [3.10] unterscheidet sich dadurch von seiner Spundwandberechnung, daß die Dalben eine endliche Dicke haben und somit den *räumlichen* passiven Erddruck wecken. Die hierzu getroffene

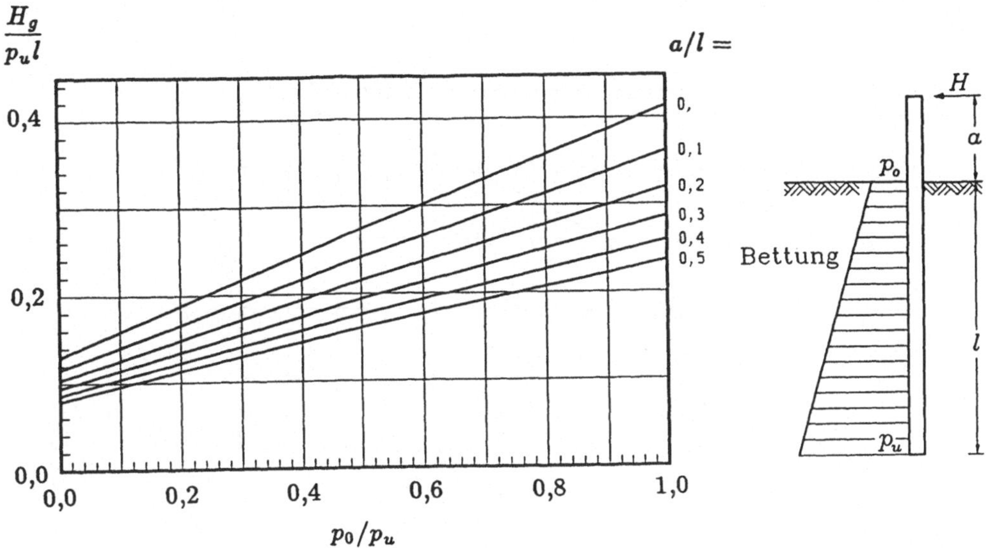

Bild 3.7. Horizontale Grenzlast H_g eines starren Pfahls. Die Bettungszahl soll linear von p_o (oben) auf p_u (unten) zunehmen. Berechnet nach den Gleichungen 3.20 und 3.21 für unterschiedliche a/l und p_o/p_u-Verhältnisse

Annahme Blums, daß nämlich p_f mit z^2 wächst, konnte durch Modellversuche nicht bestätigt werden. Trotzdem wird sein Verfahren für die Dalbenberechnung auch in der neuen DIN E 4014 empfohlen, da es sich in seiner langen Anwendungszeit als hinreichend sicher erwiesen hat. Blum setzt folgende Verteilung des Fließdrucks über die Tiefe an:

$$p_f = \gamma' z K_{ph} d + \gamma' K_{ph} \frac{z^2}{2} \quad . \tag{3.22}$$

Den so angesetzten Fließdruck läßt er bis zur (zunächst unbekannten) Tiefe $z = z_0$ anwachsen. Bei $z = z_0$ wird eine Ersatzkraft C angenommen, welche sich aus $\Sigma H = 0$ bestimmen läßt:

$$C = \gamma' K_{ph} z_0^2 \frac{3d + z_0}{6} - H_g \quad . \tag{3.23}$$

Die Tiefe z_0 wird aus der Forderung $\Sigma M = 0$ bestimmt:

$$z_0^3 + 4d z_0^2 - \frac{24 H_g}{\gamma' K_{ph}} = 0 \quad . \tag{3.24}$$

Obige Gleichung gestattet die Bestimmung von z_0 nach Maßgabe von H_g (siehe Bild 3.8). Die Einbindelänge l der Dalbe in den Boden setzt sich aus z_0 und aus Δz_0 zusammen

$$l = z_0 + \Delta z_0 \quad , \tag{3.25}$$

wobei Δz_0 der Tatsache Rechnung trägt, daß C nicht als konzentrierte Kraft, sondern als Streckenlast wirken kann:

$$\Delta z = \frac{C}{\gamma' K_{ph} z_0 (2d + z_0)} \quad . \tag{3.26}$$

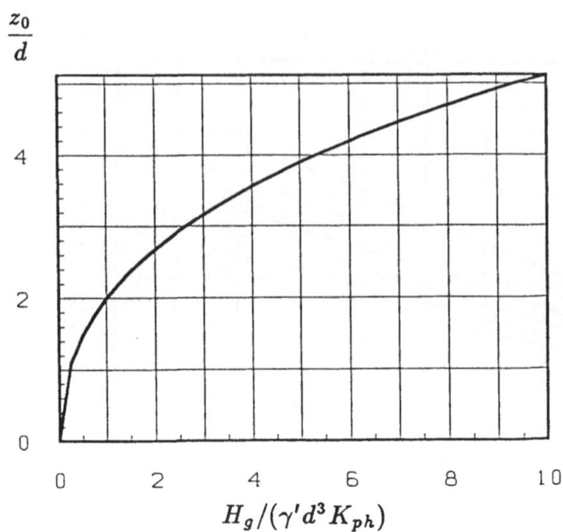

Bild 3.8. z_0/d in Abhängigkeit von $H/(\gamma' d^3 K_{ph})$ nach Gleichung 3.24

K_{ph} ergibt sich nach den bekannten Formeln aus dem Reibungswinkel φ des Bodens und dem Wandreibungswinkel $\delta = -2\varphi/3$.

3.3 Berücksichtigung der nichtlinearen Bettung

Da die Bodenreaktion p durch den Fließdruck p_f beschränkt ist, kann die Bettung streng genommen nicht linear sein: p wächst mit der Relativverschiebung x allmählich, bis p_f erreicht ist. Gudehus [3.11] nimmt vereinfachend hierfür eine "bilineare" Beziehung $p = \mathrm{Min}\,(kx, p_f)$ an.

Berechnungen mit dem bilinearen Ansatz können nur mit Hilfe eines Computers durchgeführt werden [3.12]. Die Schwierigkeit liegt darin, daß man nicht a priori weiß, in welchen Bereichen die lineare Bettung $p = kx$ und in welchen Bereichen der Fließdruck $p = p_f$ herrscht. Ein iteratives Verfahren führt aber rasch zur Lösung. Man berechnet dabei zunächst den Fall durchgehend linearer Bettung, bestimmt also die Biegelinie $x(z)$, und überall wo $x > p_f/k$ ist, wird in einem nachfolgenden Berechnungsgang $p = p_f$ gesetzt.

Aus theoretischen Erwägungen kommen Dietrich [3.13] und Hettler [3.14] zu dem Schluß, daß das Bettungsgesetz für nichtbindige Böden vom Potenztyp, $p \sim x^\alpha$, $0 < \alpha < 1$, sein muß. Daraus schließen sie dann, daß auch die Beziehung zwischen Horizontalkraft und Pfahlkopfverschiebung vom Potenztyp sein muß, was der Realität näher kommt.

3.4 Verdübelung kriechender Hänge

Mit horizontal belasteten Pfählen kann eine Dübelwirkung bei kriechenden Hängen erreicht werden [3.11, 3.12]. Dadurch kann die Kriechgeschwindigkeit erheblich reduziert werden. Zur Dimensionierung geht man davon aus, daß eine feste Scholle der Dicke h_G auf einer dünnen, aufgeweichten Gleitfuge gleitet, die — ebenso wie der Hang — um den Winkel β geneigt ist (siehe Bild 3.9). Man nimmt ferner an, daß das Material in der Gleitfuge viskos ist, in dem Sinne daß eine Veränderung der Kriechgeschwindigkeit von v_0 auf v_1 folgende Veränderung der auf der Gleitfuge wirkenden Schubspannung τ bedingt:

$$\Delta\tau = I_v \ln \frac{v_1}{v_0} \quad . \tag{3.27}$$

I_v ist ein bodentypischer Zähigkeitsindex (siehe Glg. 6.3). Werden Dübel eingebaut, so erhalten sie mit zunehmender Hangverschiebung eine wachsende Horizontalkraft. Dadurch wird die Schubspannung τ allmählich reduziert, was wiederum nach obiger Gleichung eine wesentliche Verringerung der Kriechgeschwindigkeit nach sich zieht. Unter Zugrundelegung des bilinearen Ansatzes $p = \mathrm{Min}(kx, p_f)$ hat Schwarz ein Verfahren zur Dimensionierung der Dübel ausgearbeitet.

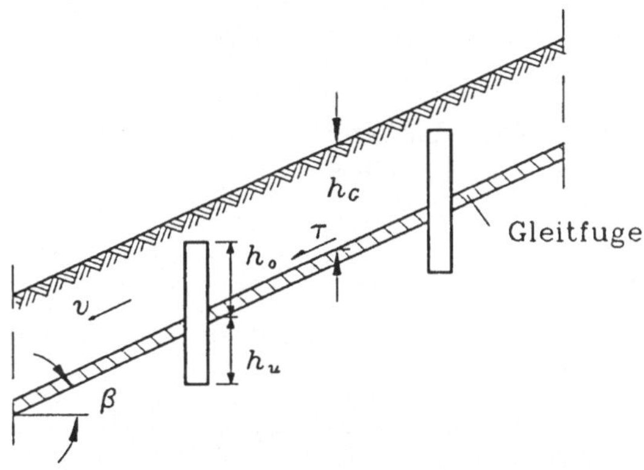

Bild 3.9. Verdübelung kriechender Hänge

Zur Dimensionierung einer Verdübelung nach dem bilinearen Ansatz kommt man ohne die im Abschnitt 3.3 angegebene Iteration nicht aus. Hier soll lediglich der Sonderfall der linearen Bettung ($p = kx$) betrachtet werden. Ferner wird hier angenommen, daß der Bettungsmodul oberhalb und unterhalb der Gleitfuge gleich ist. Nehmen wir an, daß die Gleitscholle die Grundfläche $b \times l$, die Neigung β, die Tiefe h_G und die Wichte γ hat. Sie möge zunächst mit der Geschwindigkeit v_0 kriechen, und es sei das Ziel der Verdübelung, diese Gechwindigkeit auf ein erträgliches Maß v_1 zu reduzieren. Um dies zu erreichen, muß der Anteil $\Delta\tau$ der in der Tiefe der Gleitfuge talwärts treibenden Schubspannung τ_0

$$\tau_0 = \gamma h_G \sin\beta \cos\beta \tag{3.28}$$

von den Dübeln übernommen werden:

$$\Delta\tau = \tau_0 I_v \ln \frac{v_0}{v_1} \quad .$$

(3.29)

Dies geschieht über die Querkraft der Dübel in der Tiefe der Gleitfuge:

$$\Delta\tau = \frac{\mathrm{erf}\, Q_s}{bl} \quad .$$

(3.30)

Es soll nun ein Dübelquerschnitt gewählt werden. Ferner sollen die Einbindelängen des Dübels in der Gleitscholle (h_o) und in dem festen Untergrund (h_u) bestimmt werden. h_o ist durch die Tiefe der Gleitscholle begrenzt ($h_o \leq h_G$). Oft wählt man $h_o < h_G$, um den oberen Bereich des Baugrundes nicht zu beeinträchtigen. Die von einem Dübel aufgenommene Querkraft beträgt dann:

$$Q_s = EI \frac{w}{L^3} q \left(\frac{h_o}{L}, \frac{h_o}{h_u} \right) \quad .$$

(3.31)

EI ist die Biegesteifigkeit des Dübels (für kreiszylindrische Stahlbetondübel siehe Abschnitt 12), w ist die Hangverschiebung seit dem Zeitpunkt der Verdübelung, L ist die elastische Länge, $L := \sqrt[4]{(4EI/k)}$, und q ist eine dimensionslose Zahl, die in Abhängigkeit von h_o/L und h_o/h_u aus dem Diagramm im Bild 3.10 abzugreifen ist.

Aus Gleichung 3.31 sieht man, daß Q_s mit der Hangverschiebung w wächst, d.h. der Dübel "packt" erst mit wachsender Verschiebung. Die Reduktion der Kriechgeschwindigkeit von v_0 auf v_1 benötigt deshalb die Zeit [3.12]

$$t_1 = \frac{bl\tau_0 I_v L^3}{nEIqv_0} \left(\frac{v_0}{v_1} - 1 \right) \quad .$$

(3.32)

Aus Gleichung 3.32 folgt, daß innerhalb der Bremszeit t_1 der Hang sich noch um den Betrag

$$w_1 = \frac{t_1 v_0}{\dfrac{v_0}{v_1} - 1} \ln \left(\frac{v_0}{v_1} \right)$$

(3.33)

verschiebt. Daraus läßt sich das in der Dimensionierung der Verdübelung eingehende Geschwindigkeitsverhältnis dermaßen bestimmen, daß innerhalb einer vorgegebenen Zeit t_1 der Hang um einen vorgegebenes, erträgliches Maß w_1 kriecht (siehe Bild 3.11).

Die erforderliche Anzahl n der Dübel ergibt sich aus der Beziehung

$$\mathrm{erf}\, n = \frac{\mathrm{erf}\, Q_s}{Q_s} \quad .$$

(3.34)

Die n Dübel sind über der Grundfläche des Kriechhanges geeignet zu verteilen. Vorzugsweise sollte man sie entlang von möglichst talwärts liegenden Höhenlinien verteilen. Quer zur Kriechrichtung sollte der Dübelabstand den Wert

$$\frac{2l}{(l/h_G) + 1}$$

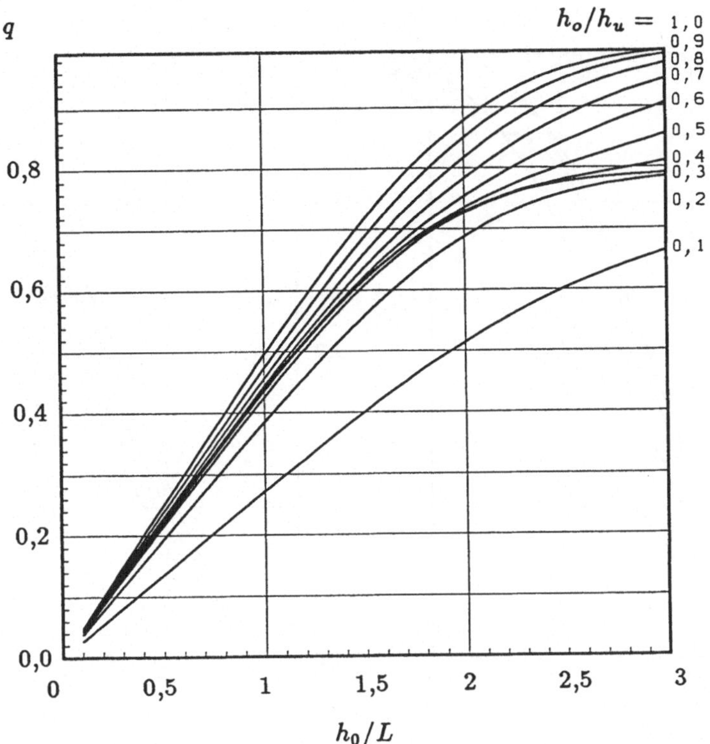

Bild 3.10. Dimensionslose Querkraft des Dübels in Höhe der Gleitfuge (siehe Gleichung 3.31)

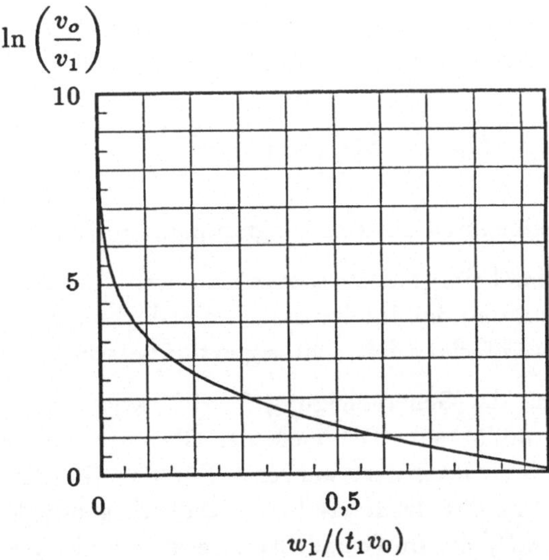

Bild 3.11. Graphische Darstellung von $\ln(v_0/v_1)$ in Abhängigkeit von $w_1/(t_1 v_0)$ nach Gleichung 3.33

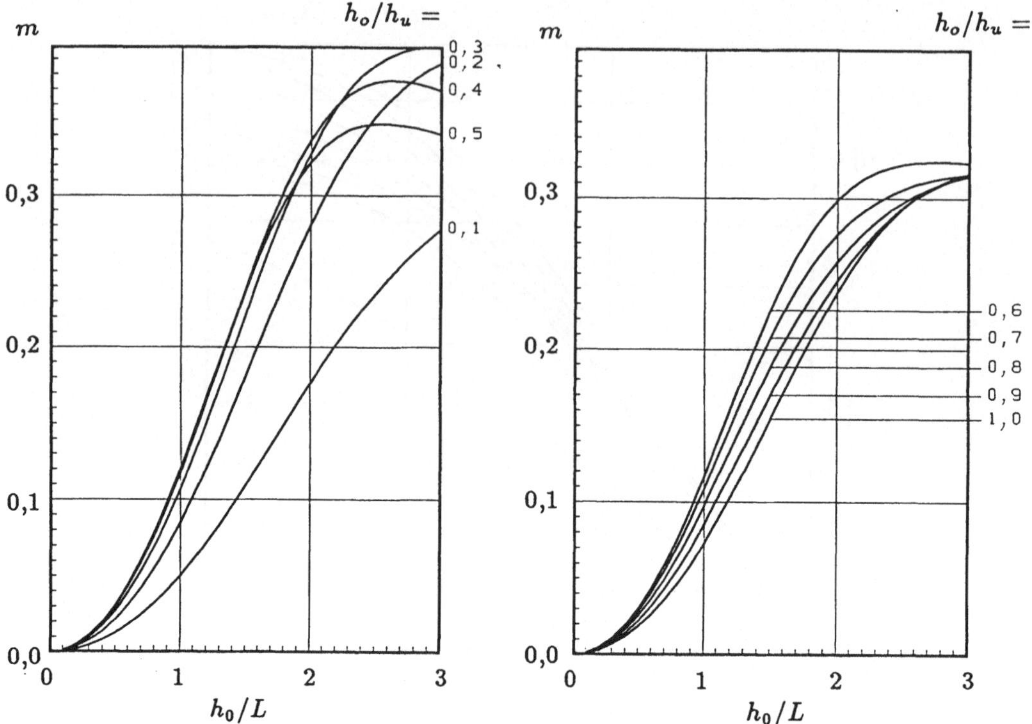

Bild 3.12. Dimensionsloses maximales Moment des Dübels (siehe Gleichung 3.35)

nicht überschreiten. Die Dübelbewehrung sollte nach Maßgabe der Querkraft und des maximalen Biegemomentes dimensioniert werden. M_{max} ergibt sich aus

$$M_{\text{max}} = EI\frac{w}{L^2}\, m\left(\frac{h_o}{L}, \frac{h_o}{h_u}\right) \quad . \tag{3.35}$$

Der dimensionslose Faktor m ist aus den Diagrammen im Bild 3.12 zu entnehmen.

Man sollte bedenken, daß beim (realistischeren) Fall der bilinearen Bettung Q_s nicht so stark anwachsen kann und daß infolge dessen die Wirksamkeit eines Dübels nach der hier dargelegten vereinfachten Betrachtung evtl. überschätzt wird.

BEISPIEL: Ein Hang mit der Generalneigung $\beta \approx 20°$ kriecht mit der mittleren Geschwindigkeit $v_0 = 5$ mm/Monat. Die Tiefe der Gleitfuge konnte durch Neigungsmessungen auf $h_G = 5$ m lokalisiert werden. Für das Gleitfugenmaterial wurde $I_v = 0,04$ ermittelt. Für das darunter- bzw. darüberliegende Material ergab sich $\gamma = 20$ kN/m³, $k = 20$ MN/m³. Im Grundriß erstreckt sich die Kriechscholle über ein Gebiet $b \times l = 100 \times 50$ m². Die Verdübelung ist so zu dimensionieren, daß innerhalb der nächsten 50 Jahre der Hang sich nur noch um 10 cm verschiebt.

LÖSUNG: Die ursprünglich in der Gleitfuge wirkende Schubspannung beträgt

$$\tau_0 = 20 \cdot 5 \cdot \sin 20° \cdot \cos 20° = 32,14 \text{ kN/m}^2 \quad .$$

Davon soll der Anteil $\Delta\tau = \tau_0 I_v \ln(v_0/v_1)$ von den Dübeln übernommen werden. Das Geschwindigkeitsverhältnis v_0/v_1 läßt sich aus dem Bemessungsziel $w_1 = 10$ cm; $t_1 = 50$ Jahre bestimmen. Mit

$$\frac{w_1}{t_1 v_0} = \frac{100}{50 \cdot 12 \cdot 5} = 0,033$$

erhält man aus dem Bild 3.11: $\ln(v_0/v_1) = 5$. Daraus folgt:

$$\Delta\tau = 32,14 \cdot 0,04 \cdot 5 = 6,42 \text{ kN/m}^2 \quad .$$

Gewählt werden Stahlbetonpfähle $d = 1,30$ m; B35; $h_o = h_u = 3$ m. Man erhält dann mit $E = 34\,000$ MN/m² (siehe Tabelle 12.1):

$$I = \pi \frac{1,3^4}{64} = 0,140 \text{ m}^4 \quad ; \quad L = \sqrt[4]{\frac{4 \cdot 34\,000 \cdot 0,140}{20}} = 5,55 \text{ m} \quad ;$$

$$\frac{h_o}{L} = 0,54 \quad ; \quad \frac{h_u}{h_o} = 1 \quad .$$

Daraus folgt aus den Bildern 3.10 und 3.12: $q = 0,27$, $m = 0,02$, und somit ist

$$Q_s = 34\,000 \cdot 0,140 \cdot \frac{0,1}{5,55^3} \cdot 0,27 = 0,75 \text{ MN} = 750 \text{ kN} \quad ,$$

$$\text{erf } n = \frac{6,42 \cdot 100 \cdot 50}{750} = 43 \quad ,$$

$$M_{\max} = 34\,000 \cdot 0,140 \cdot \frac{0,1}{5,55^2} \cdot 0,02 = 0,31 \text{ MNm} \quad .$$

3.5 Knicken von axial belasteten Pfählen

Der Einfluß der seitlichen Bettung auf die Knicklast soll anhand eines linear gebetteten, beiderseitig gelenkig gelagerten Pfahls der Länge l untersucht werden. Die Balkenbiegungs-Differentialgleichung lautet:

$$EI x'' = -M \quad . \tag{3.36}$$

Aus der Statik folgt:

$$M = Px + \int_0^x \int_0^{x''} p(z') \, dz' \, dz'' \quad , \tag{3.37}$$

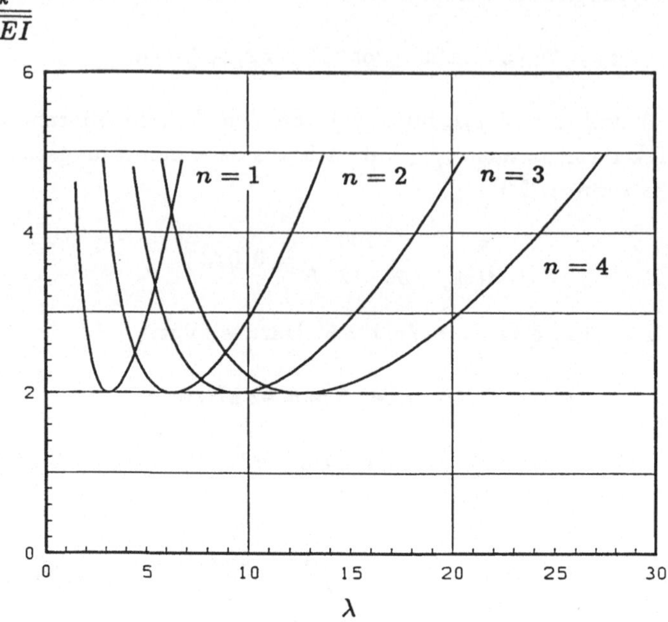

Bild 3.13. Dimensionslose Knicklast P_k in Abhängigkeit von der Schlankheit λ und n (nach Gleichung 3.40)

mit $p(z) = kx(z)$. Zweimalige Differentiation nach z liefert

$$M'' = Px'' + kx \quad , \tag{3.38}$$

woraus schließlich folgt:

$$EIx^{(4)} + Px'' + kx = 0 \quad . \tag{3.39}$$

Die Randbedingungen lauten $x(0) = x''(0) = x(l) = x''(l) = 0$.

Mit dem Lösungsansatz $x(z) = C\sin(n\pi z/l)$ ergibt sich dann die kritische Last (Knicklast) P_k in Abhängigkeit von $\lambda = l/L$ und n ($n = 1, 2, 3 \ldots$):

$$P_k = \sqrt{kEI}\left[\left(\frac{\lambda}{n\pi}\right)^2 + \left(\frac{n\pi}{\lambda}\right)^2\right] \quad . \tag{3.40}$$

Man muß also für jede gegebene "Schlankheit" λ diejenige ganze Zahl n suchen, welche P_k zum Minimum macht (siehe Bild 3.13). Stattdessen kann man die Ungleichung

$$P_k \geq 2\sqrt{kEI} \tag{3.41}$$

benutzen, zumal für hinreichend große λ-Werte ziemlich genau $P_k \approx 2\sqrt{kEI}$ gilt [3.15]. Man erhält so einen Wert, der meistens erheblich größer als die Knicklast eines seitlich ungestützten Stabes ist.

Für einen Holzpfahl $d = 20$ cm, $E = 10^3$ kN/m^2, $I = \pi d^4/64 = 7854$ cm^4, $i = d/4 = 5$ cm, $\lambda = s_k/i = 140$, $\omega = 5,88$ erhält man bei Vernachlässigung der Bodenstützung eine zulässige Kraft von

$$P_{zul} = \frac{F}{\omega}\sigma_{zul} = \frac{314}{5,88}\ \text{cm}^2 1,0\ \frac{\text{kN}}{\text{cm}^2} = 53,4\ \text{kN} \quad .$$

Hingegen beträgt die Knicklast eines im Torf ($k/d = 5$ MN/m^3) gebetteten Stabs:

$$P_k = 2\sqrt{k\,EI} = 2\sqrt{0,1\ \frac{\text{kN}}{\text{cm}^2}10^3\ \frac{\text{kN}}{\text{cm}^2}7854\ \text{cm}^4} = 1,77\ \text{MN} \quad .$$

Man vergleiche dazu die nach DIN 4026 zulässige Pfahllast von 150 bis 300 kN.

Die hier aufgeführte Untersuchung ist stark vereinfacht, da ideales Knicken (d.h. ohne Anfangsimperfektionen) betrachtet wurde. Herstellungsbedingt weicht die Mittellinie von Pfählen fast immer von einer Geraden ab, was bei der Ermittlung der Knicklast berücksichtigt werden sollte [3.16].

Die obige Herleitung dürfte unberührt bleiben von der Tatsache, daß die Bettung eigentlich nichtlinear und durch den Fließdruck beschränkt ist. In der Lösung geht nämlich x nicht ein, bzw. es werden beliebig kleine Abweichungen von der Ruhelage $x \equiv 0$ betrachtet. Für solche Auslenkungen ist die Annahme einer linearen Bettung durchaus berechtigt. Eine Ableitung der Knicklast unter Zugrundelegung "plastischer" Bettung (d.h. einer Bettung, bei welcher der Fließdruck sofort mobilisiert wird) ist von Wenz erarbeitet worden [3.17].

Die DIN 1054 schließt die Knickgefahr eingebetteter Pfähle aus (§5.2.10: Selbst breiige Bodenschichten verhindern das Ausknicken). Hingegen fordern die DIN 4128 und die DIN 4014 E in ausdrücklicher Abweichung von DIN 1054 den Nachweis der Knicksicherheit für einen *seitlich ungestützten* Stab falls $c_u < 10$ kN/m^2 bzw. $I_c < 0,25$.

Bei Pfählen, die über die Bodenoberfläche hinausragen, soll die Knicksicherheit nachgewiesen werden. Wenn l_0 die Einbindelänge des Pfahls im Boden, h die Länge des freistehenden Pfahls und L die elastische Länge ist, so kann — sofern $l_0 > 1,5L$ ist — die Knicklänge l_k nach Schiel (nach [3.18]) wie folgt abgeschätzt werden:

Pfahlkopf eingespannt, senkrecht zur Achse unverschieblich: $l_k \approx \frac{1}{2}(h + L)$,

Pfahlkopf gelenkig, senkrecht zur Achse unverschieblich: $l_k \approx \frac{1}{\sqrt{2}}(h + L)$,

Pfahlkopf eingespannt, senkrecht zur Achse verschieblich: $l_k \approx h + L$,

Pfahlkopf gelenkig, senkrecht zur Achse verschieblich: $l_k \approx 2(h + L)$.

3.6 Dynamische Beanspruchung

Bei stoßartiger Belastung (Anprall) darf k nach DIN E 4014 um den Faktor 3
erhöht werden. Im Vergleich zur quasistatischen Belastung tritt bei einer stoßartigen
Belastung ein erhöhter Widerstand des Bodens auf. Dieser ist teils auf die Viskosität (vgl. Gleichung 6.2) und teils auf die Trägheit der beschleunigten Bodenmasse zurückzuführen. Es bleibt aber fraglich, ob diese Effekte mit einer derartigen
Erhöhung des Bettungsmoduls realistisch erfaßt werden können. Oft kommt es nur
darauf an, die kinetische Energie der Aufprallmasse (z.B. eines Fahrzeugs) durch ein
hinreichend großes *Arbeitsvermögen* des Pfahls und des ihn stützenden Bodens in
Verformungsarbeit umzusetzen.

BEISPIEL (siehe Bild 3.14): Ein Auto mit der Masse $m = 1000$ kg möge mit der
Geschwindigkeit $v = 30$ km/h gegen einen Stahlbetonpfahl (Beton B25, $d = 90$ cm,
$l = 15$ m) aufprallen. Der Bettungmodul des Bodens sei $k = 8$ MN/m^2 (entsprechend einem steifen Ton). Man berechne die maximale Pfahlkopfverschiebung und
das maximale Biegemoment.

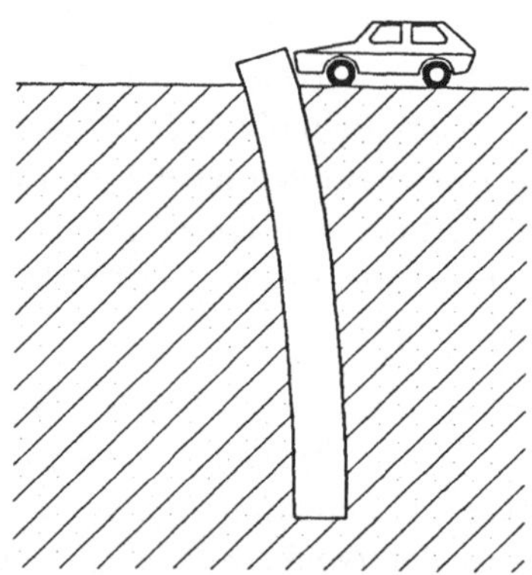

Bild 3.14. Beispiel zur horizontalen Stoßbelastung

LÖSUNG: Mit $E = 30\,000$ MN/m^2 (Tabelle 12.1) und $I = \pi d^4/64$ erhält man

$$L = \sqrt[4]{\frac{4EI}{k}} = 4,69 \text{ m} \quad .$$

Mit $\lambda = l/L = 15$ m$/4,69$ m $= 3,20$ erhält man aus Bild 3.3:

$$\frac{x_0 kL}{H} \approx 2,0 \quad , \quad M_{\max} \approx 0,32 HL \quad .$$

Mit $H = (kL/2)x_0$ beträgt also die Steifigkeit des Pfahlkopfs $\kappa = kL/2 = 18,76$
MN/m. Die Verformungsarbeit beträgt dann $\int H \, dx_0 = \int \kappa x_0 \, dx_0 = \kappa(x_0^2/2)$. Aus

der Gleichsetzung der Verformungsarbeit mit der ursprünglichen kinetischen Energie

$$\kappa \frac{x_0^2}{2} = m \frac{v^2}{2} \qquad (3.42)$$

erhält man

$$x_0 = \sqrt{\frac{m}{\kappa} v^2} = 0,06 \text{ m}$$

und daraus

$$H = \frac{kL}{2} x_0 = 1,14 \text{ MN} \quad , \quad M_{\max} = 0,32 H L = 1,71 \text{ MNm} \quad .$$

Rechnet man mit den Formeln für den *starren* Pfahl, so erhält man:

$$\kappa = \frac{kl}{4} = 30 \; \frac{\text{MN}}{\text{m}} \quad ; \quad x_0 = \sqrt{\frac{m}{\kappa} v^2} = 0,048 \text{ m} \quad ; \quad H = \kappa x_0 = 1,44 \text{ MN} \quad ;$$

$$M_{\max} = \frac{4}{27} H l = 3,2 \text{ MNm} \quad .$$

Das Biegemoment ist also stark überschätzt.

Bei der Energiebilanz (Gleichung 3.42) wurde außer acht gelassen, daß ein Teil der ursprünglichen kinetischen Energie in Form von Wellenenergie in den Untergrund abgestrahlt wird (sog. Abstrahlungsdämpfung). Infolge dessen wird durch die Gleichung 3.42 die Pfahlverformung überschätzt. Dieser (sowie der durch die Außerachtlassung der Bodenviskosität bedingte) Fehler soll nun durch die dreifache Erhöhung des Bettungsmoduls näherungsweise eliminiert werden. Man erhält dann:

$$L = \sqrt[4]{\frac{4EI}{3k}} = 3,56 \text{ m} \quad ; \quad \lambda = \frac{15 \text{ m}}{3,56 \text{ m}} = 4,21 \quad ;$$

$$\frac{x_0 kL}{H} = 2 \quad ; \quad \kappa = \frac{kL}{2} = 42,74 \; \frac{\text{MN}}{\text{m}} \quad ; \quad x_0 = \sqrt{\frac{m}{\kappa} v^2} = 0,04 \text{ m} \quad ;$$

$$H = \kappa x_0 = 1,72 \text{ MN} \quad ; \quad M_{\max} = 0,33 H L = 2,02 \; \text{ MNm} \quad .$$

Pfähle können durch Erdbeben erheblich beansprucht werden. Während die Erfassung der Belastung noch Schwierigkeiten bereitet, wird die Wechselwirkung des Pfahls mit dem Boden nach den hier dargestellten Methoden angesetzt. Für nähere Angaben sei auf [3.19, 3.20] verwiesen.

4 Gruppenwirkung

Nach Peck [4.1] können die Lastabtragung und die Setzungen einer Pfahlgruppe kaum
auf der Grundlage des Last-Setzungsverhaltens eines Einzelpfahls vorhergesagt werden. Grund dafür ist die gegenseitige Beeinflussung über den umgebenden Boden.
Gruppenwirkung liegt vor, sofern die Pfahlachsabstände a_a kleiner als 3 bis 8 d_F sind
(genauere Angaben dazu liegen z.Z. noch nicht vor). Nach DIN 1054 soll eine Pfahlgruppe auch als Flachgründung betrachtet werden, die in der Tiefe der Pfahlspitzen
liegt. Ihre Fläche wird durch die Achsen der Randpfähle zuzüglich eines Streifens
der Breite $3d_F$ festgelegt (siehe Bild 4.1). Nebst den Nachweisen für den Einzelpfahl
sollen also auch die Nachweise für diese fiktive Flachgründung durchgeführt werden
(d.h. Setzungsnachweis; Grundbruch ist meistens nicht maßgebend). Nachfolgend
wird die Gruppenwirkung im Hinblick auf die

- vertikale Traglast von Druckpfählen,

- vertikale Setzung von Druckpfählen,

- vertikale Traglast von Zugpfählen,

- negative Mantelreibung,

- horizontale Pfahlbelastung

besprochen.

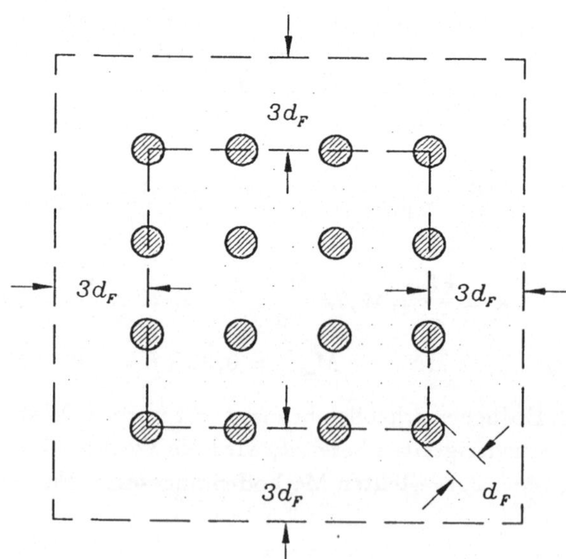

Bild 4.1. Grundriß einer Gruppe vertikaler Pfähle und Ersatzfläche der fiktiven
Flachgründung

4.1 Gruppenwirkung auf die vertikale Traglast von Druckpfählen

Meyerhof [4.2] gibt folgende Empfehlungen:

Nichtbindige Böden: Bei *Rammpfählen* wird die Tragfähigkeit des Einzelpfahls durch Gruppenwirkung erhöht (Verspannung des umgebenden Bodens). Bei Vernachlässigung dieser Erhöhung (aus Sicherheitsgründen) kommt man zum Schluß, daß jeder Pfahl in der Gruppe dieselbe Traglast Q_g wie der Einzelpfahl hat.

Bei *Bohrpfählen* wird die Tragfähigkeit eines Pfahles in der Gruppe durch Gruppenwirkung auf ca. 2/3 der Tragfähigkeit des Einzelpfahles herabgesetzt.

Bindige Böden: Die Mantelreibungskraft Q_{mg} eines Pfahls in der Gruppe beträgt nur ca. 2/3 der Mantelreibungskraft eines Einzelpfahls. Man beachte, daß die Pfahlgruppe einem fiktiven Einzelpfahl mit dem Querschnitt $a \times b$ (bei rechteckiger Gruppierung) entspricht (siehe Bild 4.2). Dessen Mantelreibungskraft beträgt $\overline{Q}_{mg} = \tau_{mg} 2(a+b)l$. Die Summe der Mantelreibungskräfte der einzelnen Pfähle in der Gruppe darf also diesen Wert nicht überschreiten. Die Mantelreibung τ_{mg} ist demnach in der Gruppe mit dem Faktor

$$\text{Min} \begin{cases} \dfrac{2(a+b)}{n\pi d} \\ 1 \end{cases}$$

zu reduzieren. n ist dabei die Anzahl der Pfähle in der Gruppe. Die Spitzenkraft Q_{sg} von Gruppenpfählen ist gleich der Spitzenkraft von Einzelpfählen (so bei *Rammpfählen*) bzw. sie beträgt ca. 2/3 der Spitzenkraft bei Einzelpfählen (bei *Bohrpfählen*).

Es ist ferner die Grundbruchsicherheit der fiktiven Flachgründung (Grundfläche $a \times b$, $b < a$, Einbindetiefe z_F, z_F = Tiefe des Pfahlfußes) nachzuweisen. Ihre Bruchlast $\overline{Q}_g$ kann (sofern $a_a < 3d$) nach einer Formel ermittelt werden, die Skempton [4.1] für Flachgründungen angegeben hat: Falls $a_a < 3d$:

$$\overline{Q}_g = 2(a+b)z_F c_u + 5\left(1 + 0{,}2\frac{b}{a}\right)c_u \begin{cases} 1 + 0{,}2\dfrac{z_F}{b} & \text{falls } z_F > 2{,}5b \\ 1 & \text{falls } z_F \leq 2{,}5b \end{cases} . \tag{4.1}$$

Falls $a_a \geq 3d$, kann $\overline{Q}_g$ wie folgt abgeschätzt werden:

$$\overline{Q}_g = n Q_g \text{Min} \begin{cases} 0{,}06\dfrac{a_a}{d} + 0{,}52 \\ 1 \end{cases} , \tag{4.2}$$

wobei n die Anzahl der Pfähle in der Gruppe und Q_g die Traglast des Einzelpfahls ist.

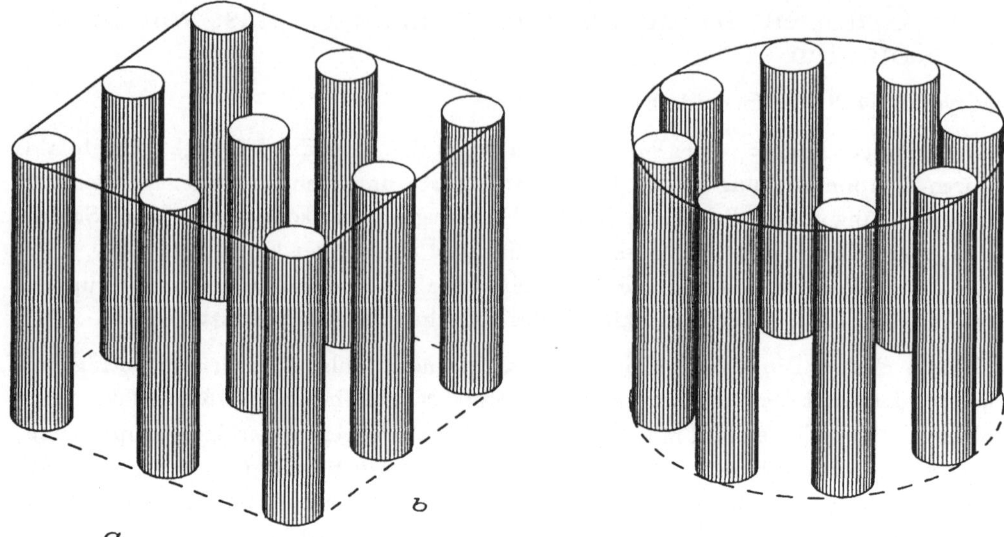

Bild 4.2. Fiktive Pfähle, die Pfahlgruppen umfassen

4.2 Gruppenwirkung auf die Setzung von Druckpfählen

Die Setzungen der fiktiven Flachgründung sind zu den Setzungen der Einzelpfähle zu addieren.

Die Setzung s der fiktiven Flachgründung kann entweder nach der herkömmlichen Methode (DIN 4019) oder über Schätzformeln ermittelt werden. Für eine rechteckige Flachgründung mit den Seiten a und b, $b < a$, empfiehlt Meyerhof:

$$s\,[\mathrm{cm}] = 0,1\sigma_z\,[\mathrm{kN/m^2}]\sqrt{b\,[\mathrm{m}]}\frac{1}{n_{30}} \qquad \text{für wassergesättigten Sand} \quad , \qquad (4.3)$$

$$s\,[\mathrm{cm}] = 0,2\sigma_z\,[\mathrm{kN/m^2}]\sqrt{b\,[\mathrm{m}]}\frac{1}{n_{30}} \qquad \text{für schluffigen Sand} \quad . \qquad (4.4)$$

Hierbei ist σ_z die mittlere Zusatzpressung (d.h. über die Vorspannung hinausgehende Pressung) in der Sohle der fiktiven Flachgründung, und n_{30} ist die Schlagzahl der SPT-Sonde für 30 cm Eindringung, gemittelt über die Tiefe b unterhalb der fiktiven Gründungssohle. Wenn die Pfähle um den Betrag Δz in die tragfähige Schicht einbinden, so sind die o.g. Werte um den Faktor

$$i = \mathrm{Max}\begin{cases} 1 - \dfrac{\Delta z}{8b} \\ 0,5 \end{cases} \qquad (4.5)$$

zu reduzieren. Wenn hingegen in der Tiefe Δz unterhalb der Gründungssohle eine steife ($E_s = \infty$) Schicht liegt, so sind die nach obigen Formeln geschätzten Setzungen um den Faktor

$$i = \text{Min} \begin{cases} \dfrac{\Delta z}{b} \\ 1 \end{cases} \tag{4.6}$$

zu reduzieren.

Wenn anstelle der SPT-Sonde Egebnisse einer statischen Drucksondierung vorliegen, so kann man für wassergesättigte nichtbindige Böden die Setzung s abschätzen aus der Formel

$$s = \frac{\sigma_z b}{2q_s} i \quad , \tag{4.7}$$

wobei q_s der über die Tiefe b unterhalb der Gründungssohle gemittelte Sondierspitzendruck ist.

Eine mögliche Fehlerquelle liegt darin, daß vorbelastete nichtbindige Schichten steifer als "normalkonsolidierte" Schichten sind, was aber durch Sondierungen kaum feststellbar ist.

Skempton [4.1] liefert eine andere empirische Formel für die Setzung s einer Pfahlgruppe in Sand:

$$s = s_0 \left(\frac{13b\,[\text{m}] + 9}{3b[\text{m}] + 12} \right)^2 \quad , \tag{4.8}$$

wobei s_0 die Setzung des Einzelpfahls ist.

4.3 Gruppenwirkung auf die vertikale Traglast von Zugpfählen

Die Summe der aufgebrachten Zugkräfte darf das Gewicht der Pfähle samt dem Gewicht des eingeschlossenen Bodens nicht überschreiten.

4.4 Gruppenwirkung auf die negative Mantelreibung

Infolge der negativen Mantelreibung "hängt" sich der zwischen den Pfählen liegende Boden teilweise an ihnen auf. Somit wirkt auf den darunter liegenden Schichten nicht die volle Erdauflast, sondern nur ein Teil davon. Als Folge davon wächst die Vertikalspannung σ_z unterlinear mit der Tiefe an. Ist die Mantelreibung proportional zur Vertikalspannung angesetzt, so wächst sie ebenfalls unterlinear mit der Tiefe an. Ähnlich wie in einem Silo stützt sich der Boden also teilweise auf die seitliche Pfahlwand (bzw. Silowand) ab. Die maßgebende Differentialgleichung für σ_z lautet (siehe Bild 4.3):

$$\frac{\mathrm{d}\sigma_z}{\mathrm{d}z} = \gamma - \tau_m \frac{U}{F} = \gamma - \frac{U}{F}\beta\sigma_z \quad . \tag{4.9}$$

Hierbei ist U der Umfang eines Pfahls und F die Grundfläche desjenigen Bodenbereichs um die Pfähle, der infolge der mobilisierten Schubspannungen teilweise an die Pfähle aufgehängt wird. Es handelt sich hier um eine stark vereinfachte Betrachtung

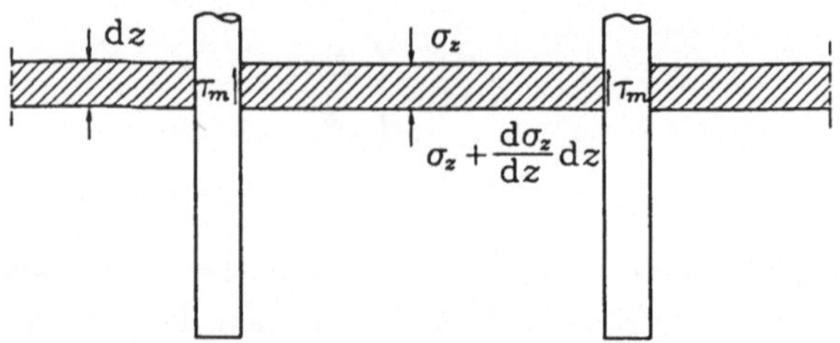

Bild 4.3. Kräfte, die an einer sich setzenden Schicht der Dicke dz zwischen den Pfählen einer Gruppe angreifen

[4.3], da die Veränderung der Verhältnisse in horizontaler Richtung außer acht gelassen wird und F im allgemeinen unbekannt ist. Es steht lediglich fest, daß innerhalb einer Pfahlgruppe F nicht größer sein kann als die auf einen Innenpfahl entfallende Grundrißfläche des Bodens. Integration dieser Differentialgleichung mit der Anfangsbedingung $\sigma_z(z = 0) = p_0$ liefert mit $m := \beta U/F$:

$$\sigma_z = \left(p_0 - \frac{\gamma}{m}\right) e^{-mz} + \frac{\gamma}{m} \quad . \tag{4.10}$$

Die auf den Pfahl entfallende Kraft infolge negativer Mantelreibung beträgt dann

$$R = U\beta \int\limits_0^l \sigma_z \, \mathrm{d}z = F\left[\left(p_0 - \frac{\gamma}{m}\right)\left(1 - e^{-ml}\right) + \gamma l\right] \quad . \tag{4.11}$$

l ist dabei die Dicke der betrachteten Schicht.

BEISPIEL: Die im Bild 4.4 dargestellte weiche Tonschicht konsolidiert unter der Belastung einer 4 m hohen Auffüllung. Die auf die Pfähle wirkende negative Mantelreibung ist zu ermitteln. Folgende Werte sind bekannt:

Auffüllung $\quad : \gamma = 17 \ \mathrm{kN/m^3}; \ \beta = 0,25.$

Weicher Ton $\quad : c_u = 15 \ \mathrm{kN/m^2}; \ \alpha = 0,35; \ \gamma' = 8 \ \mathrm{kN/m^3}$

LÖSUNG: Die Schicht aus weichem Ton wird sich infolge der Belastung durch die Auffüllung um ca. 1 m setzen. Somit werden sowohl der weiche Ton als auch die Auffüllung negative Mantelreibung auf die Pfähle ausüben. Im Bereich der Auffüllung wird die Mantelreibung proportional zur Vertikalspannung angesetzt, $\tau_{mg} = \beta\sigma_z' = \beta\gamma z$. Ein alleinstehender Einzelpfahl würde die negative Mantelreibungskraft

$$Q_{NM,A,1} = \int\limits_0^{4 \ \mathrm{m}} U\beta\gamma z \, \mathrm{d}z = 4 \cdot 0,35 \cdot 0,25 \cdot 17 \cdot \frac{16}{2} = 47,6 \ \mathrm{kN}$$

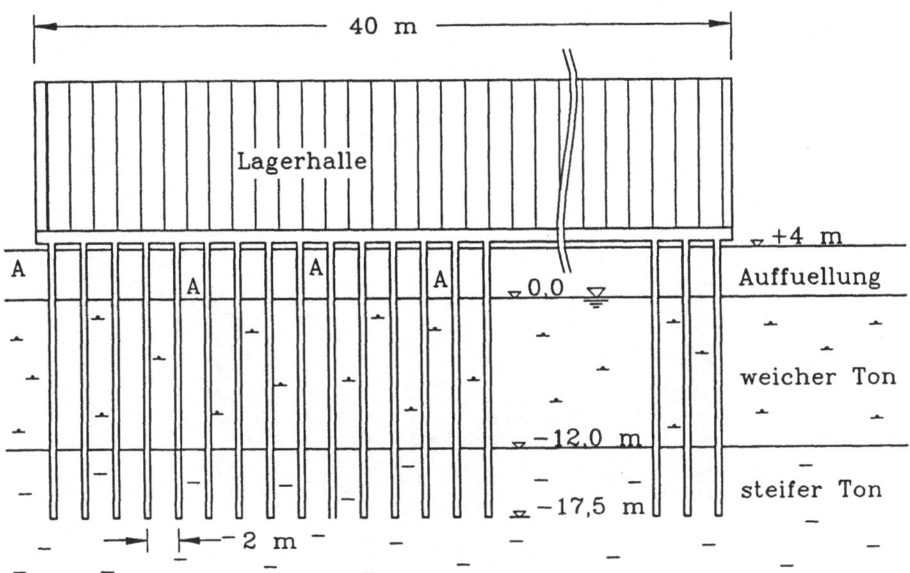

Bild 4.4. Lagerhalle (Grundriß 40 × 40 m) auf Rammpfählen 35 × 35 cm gegründet.
Die Pfähle sind im quadratischen Muster mit einem Abstand von 2 m gerammt

erfahren. Innerhalb der Gruppe erfährt der Einzelpfahl die negative Mantelreibung

$$Q_{NM,A,2} = 4\left[\left(0 - \frac{17}{0,0875}\right)\left(1 - e^{0,0875 \cdot 4}\right) + 17 \cdot 4\right] = 42,5 \text{ kN} \quad .$$

Hierbei wurde eingesetzt: $F = 2 \cdot 2 \text{ m}^2$ (auf je einen Innenpfahl entfallende Grundrißfläche);

$$m = \frac{\beta U}{F} = \frac{0,25 \cdot 4 \cdot 0,35}{4} = 0,0875 \quad .$$

Im Bereich des weichen Tons beträgt die Mantelreibung $\tau_{mg} = \alpha c_u$. Als Ergebnis der Konsolidierung wird sich c_u erhöhen. Daher wird hier mit dem erhöhten Wert $c_u = 20 \text{ kN/m}^2$ gerechnet. Man erhält dann die negative Mantelreibungskraft im Ton

$$Q_{NM,\text{Ton}} = 0,35 \cdot 20 \cdot 4 \cdot 0,35 \cdot 12 = 117,6 \text{ kN} \quad .$$

Außer der Belastung durch das Lagergebäude erfährt also jeder Innenpfahl die zusätzliche Last $42,5 + 117,6 = 160,1 \text{ kN}$ infolge negativer Mantelreibung. Die so berechnete Kraft darf schließlich nicht größer als das auf jeden Pfahl entfallende Gewicht G des umgebenden Bodens sein. Diese Forderung ist hier erfüllt mit

$$G = 2 \cdot 2(4 \cdot 17 + 12 \cdot 8) = 656 \text{ kN} > 117,6 \text{ kN} \quad .$$

4.5 Gruppenwirkung bei horizontaler Pfahlbelastung

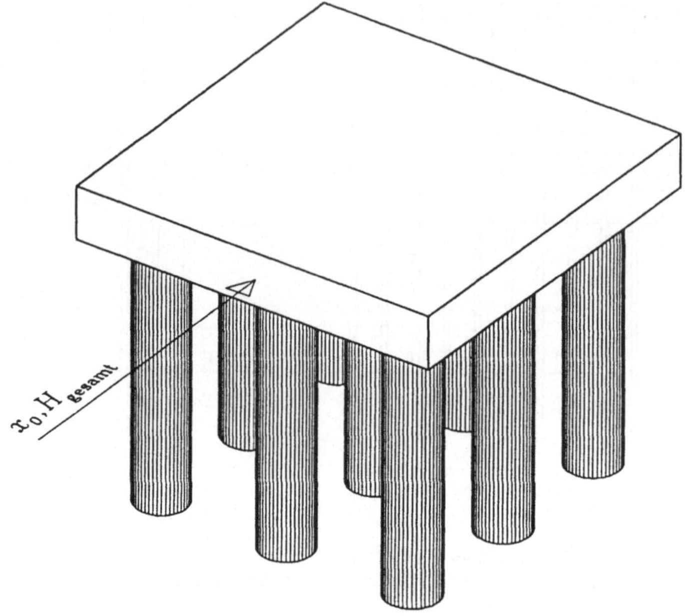

Bild 4.5. Horizontal belastete Pfahlgruppe

Sei H_0 die durch eine Probebelastung ermittelte Horizontalkraft am Kopf eines Einzelpfahls bei einer Horizontalverschiebung des Kopfes um x_0. Innerhalb einer Gruppe (siehe Bild 4.5) erfährt der Pfahl bei derselben Verschiebung x_0 die abgeminderte Kraft αH_0. Der Abminderungsfaktor α hängt von der Position des Pfahls in der Gruppe ab. Nach DIN E 4014 können die Faktoren α wie folgt angegeben werden: Bei einer Pfahlreihe, die in Längsrichtung belastet wird, nimmt der vorderste Pfahl die Kraft H_0 auf, während die "in seinem Schatten" liegenden Pfähle jeweils die verminderte Last $\alpha_l H_0$ erfahren, $\alpha_l = 0,125(a/d) + 0,25$ (siehe Bild 4.6). Wird die Pfahlreihe in ihrer Querrichtung beansprucht, so erhalten die Flankenpfähle je die Last $\alpha_{qa} H_0$ und die Innenpfähle je $\alpha_{qz} H_0$ (siehe Bild 4.7) mit

$$\alpha_{qa} = 0,25 \left(\frac{a}{d} + 1 \right) \quad \text{und} \quad \alpha_{qz} = 0,1\frac{a}{d} + 0,7 \quad . \tag{4.12}$$

a ist der jeweilige Achsabstand zwischen zwei benachbarten Pfählen. Offensichtlich dürfen die Abminderungsfaktoren α_l, α_{qa}, α_{qz} nur dann berücksichtigt werden, wenn sie kleiner als 1 sind; sonst sind sie durch 1 zu ersetzen.

Wird ferner eine Pfahlreihe in ihrer Querrichtung beansprucht, so erhöht sich auch der Fließdruck um einen Faktor f. Wenz [4.4] hat f in Abhängigkeit vom Verbauverhältnis d/a durch Modellversuche bestimmt und in Diagrammen dargestellt. Für

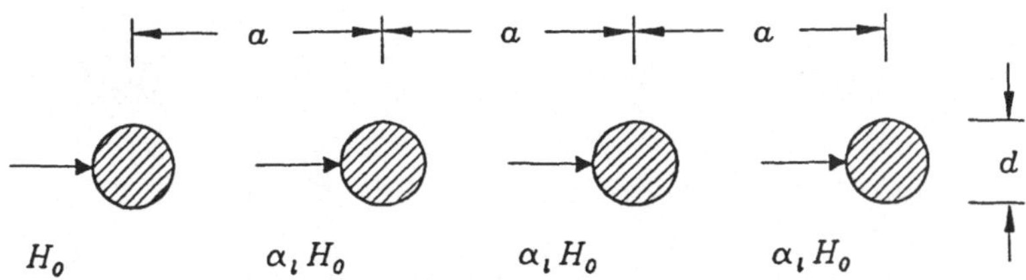

Bild 4.6. Gruppenwirkung bei horizontaler Pfahlbelastung (Längsrichtung). Bodenbewegung in Richtung der Pfeile

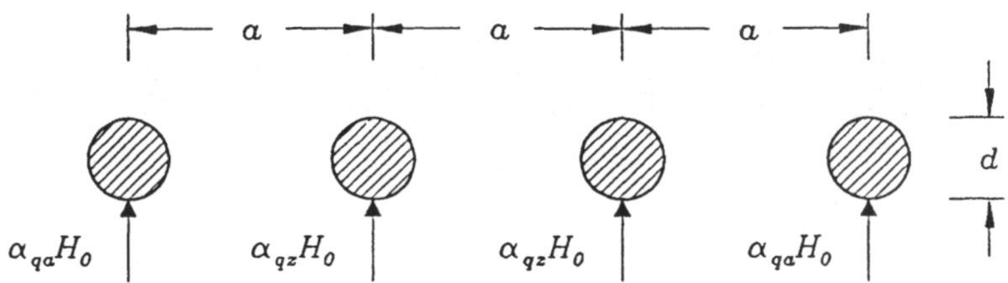

Bild 4.7. Gruppenwirkung bei horizontaler Pfahlbelastung (Querrichtung)

nebeneinander angeordnete Pfähle kann die von ihm angegebene Kurve durch die Beziehung

$$f = 0,79 \exp\left(2,2\frac{d}{a}\right) \tag{4.13}$$

gut approximiert werden. Der hier angesprochenen Erhöhung des Fließdrucks ist eine Grenze gesetzt durch den Erddruck, der auf eine als durchgehend gedachte Wand $(d = a)$ maximal wirken kann (siehe Bild 4.8). Dieser ergibt sich als die Differenz des auf der einen Seite wirkenden passiven und des auf der anderen Seite wirkenden aktiven Erddrucks. Der aktive Erddruck beträgt bekanntlich

$$e_a = \sigma_z' K_{ah} - 2c' \sqrt{K_{ah}} \tag{4.14}$$

während der passive sicherheitshalber zu

$$e_p = \gamma z \tag{4.15}$$

angesetzt wird. Somit entfällt auf jeden Pfahl einer in Querrichtung beanspruchten Pfahlreihe der Fließdruck

$$\text{Min} \begin{cases} f p_f \\ (e_p - e_a)\bar{a} \end{cases} ; \tag{4.16}$$

dabei ist

$$\bar{a} = \text{Min} \begin{cases} a & = \text{Pfahl-Achsabstand} \\ 3d \\ l & = \text{Dicke der Schicht, welche die} \\ & \quad \text{Horizontalkraft aufnimmt bzw. ausübt} \end{cases} \tag{4.17}$$

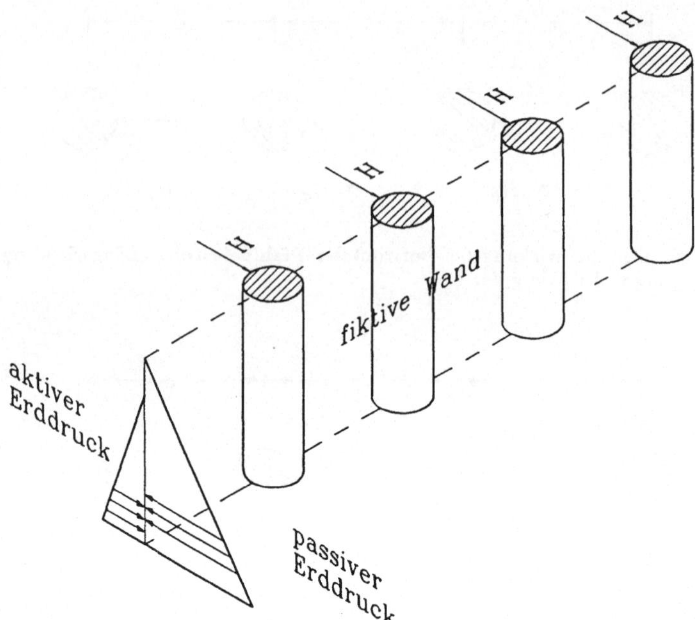

Bild 4.8. Grenze des Fließdrucks durch fiktive Wand bei einer horizontal belasteten Pfahlreihe

5 Bodenuntersuchungen

Die für das Tragverhalten von Pfählen maßgebenden Bodeneigenschaften werden entweder direkt (d.h. durch Probenentnahme und Untersuchung der Proben im Labor) oder indirekt (d.h. durch Sondierungen) bestimmt. Die im Labor ermittelten Werte (z.B. φ und c) gehen in Berechnungen ein. Da es aber für Pfahlgründungen z.Z. keine befriedigenden Berechnungsansätze gibt, kommt der labormäßigen Bestimmung der Bodenparameter eine untergeordnete Bedeutung zu.

In diesem Zusammenhang ist der *Normentwurf DIN 4020*, "Geotechnische Untersuchungen für bautechnische Zwecke" zu nennen. Dort wird unter anderem folgendes aufgeführt:
Zur Planung der Untersuchungen ist eine *Objektbeschreibung* erforderlich (Grundrisse, Schnitte, Lasten, Konstruktionsanweisungen, Nutzungsweise). Es muß grundsätzlich eine *Ortsbegehung* durchgeführt werden.
Voruntersuchungen dienen der Entscheidung, ob ein geplantes Bauwerk im Hinblick auf die Baugrundverhältnisse überhaupt errichtet werden kann und wenn ja, welche besonderen Anforderungen zu beachten sind. Die Voruntersuchung soll umfassen:

1. Sichtung und Bewertung vorhandener Unterlagen (Geologische Landesämter, Bauämter, Wasserwirtschaftsverwaltungen, Landesvermessungsämter, Bergämter, Erdbebenwarten, Erd- und Grundbauinstitute)

2. Weitmaschiges Untersuchungsnetz mit stichprobenhaften Feststellungen von Baugrundeigenschaften.

Aufgrund der Voruntersuchung sollen Entscheidungen getroffen werden über:

1. geologische Verhältnisse

2. Konstruktionsweise (Flachgründung? Tiefgründung?)

3. Baubetrieb

Hauptuntersuchungen dienen dem Entwurf, der Ausschreibung und der Baudurchführung.
Baubegleitende Untersuchungen werden während der Bauausführung zur Überprüfung der vorausgesetzten Verhältnisse und zur weiteren Informationsgewinnung durchgeführt.
Rechenwert (cal x) ist der in Berechnungen einzuführende Wert einer physikalischen Größe x. cal x braucht mit dem beobachteten Wert (obs x) nicht übereinzustimmen.
Inhaltsverzeichnis (Muster) eines geotechnischen Berichts:

A Darstellung der geotechnischen Versuchsergebnisse:

1. Zweck und Umfang der Untersuchungen

2. Auftraggeber

3. verantwortliche Personen für die geotechnische Untersuchungen

4. Kurzbeschreibung des Objekts

5. Ausführungszeiten für Labor- und Feldversuche. Geräte

6. Baugrundbeschreibung

   6.1 Geologischer Aufbau

   6.2 Beobachtungen an der Geländeoberfläche

6.3 Auswertung von Luftbildaufnahmen

6.4 Örtliche Erfahrungen (Grundwasser, Rutschungen u.ä.)

7. Einordnung in Erdbebenzonen nach DIN 4149

8. Tabellarische Aufzählung der Feld- und Laboruntersuchungen

9. Feldbeobachtungen des Überwachungspersonals

10. Aufzeichnung des GW-Spiegels in Bohrlöchern

11. Beurteilung des GW hinsichtlich Betonaggressivität (DIN 4030)

12. Schichtenverzeichnis

13. Einzeldarstellungen und Zusammenfassung der Versuchsergebnisse

B Auswertung der geotechnischen Untersuchungsergebnisse

(Beurteilung der im Abschnitt A aufgeführten Ergebnisse. Sind diese Ergebnisse nach
Auffassung des Bearbeiters unzureichend, ungenau, mangelhaft oder ohne Bezug auf
das Objekt, muß im Bericht darauf hingewiesen und diese Beurteilung ausführlich
und nachprüfbar begründet werden. Ergänzungsvorschläge unterbreiten!)

1. Beurteilung sämtlicher im Abschnitt A aufgeführten Ergebnisse

2. Darstellung der Versuchsergebnisse einschließlich Streuungen, Abweichungen
    u.ä.

3. Angabe des maßgebenden GW-Spiegels

4. Generalisierte Schichtenprofile

5. Textbeschreibung der angetroffenen Boden- und Gesteinsarten. Evtl. Schätz-
    werte nennen.

6. Hinweise auf Einlagerungen, Hohlräume u.ä.

7. Zusammenfassung der Kennwerte jeder Schicht

C Folgerungen, Empfehlungen, Hinweise

(keine Entwurfs-Berechnungen!)

1. Einordnung in geotechnische Kategorien (1 bis 3, je nach Baugrundverhältnis-
    sen und Bauwerksempfindlichkeit)

2. Vorschlag von Rechenwerten für die generalisierten Schichten

3. Überschlägliche Setzungs- und Standsicherheitsermittlung

4. Abschätzung von Setzungen und Setzungsunterschieden

5. Empfehlung für Gründungsweise

6. Hinweise auf Probleme während der Bauausführung (GW-Absenkung, Bösch-
    ungen u.ä.)

7. Hinweise auf Aus- und Unterspülungen

8. Hinweise auf Betonaggresivität des GW

9. Empfehlungen und Hinweise in Sonderfällen

5.1 Bestimmung der Bodenparameter durch Laborversuche

Für Pfahlgründungen kommen in Frage:

Klassifizierungsversuche: Bestimmung der Kornverteilung, der Dichte, der Porosität, der Wassergehalte an der Schrumpf-, Ausroll- und der Fließgrenze sowie im natürlichen Zustand; sie dienen der Einordnung des Bodens und erlauben evtl. Korrelationen zu ähnlichen Fällen.

Ödometerversuche: sie geben Aufschluß über das Druck-Setzungs- und Zeitsetzungs-Verhalten eines Bodens. Sie dienen der Bestimmung des Steifemoduls E_s, des Kompressionsbeiwertes C_c, des Schwellbeiwertes C_s, des Konsolidierungsbeiwertes c_v und des Buisman-Faktors C_B.

Scherversuche: sie dienen der Bestimmung der Scherfestigkeitsparameter φ und c. Verschiedene Geräte können dazu herangezogen werden: Rahmenschergerät, Triaxialgerät, Laborflügelsonde u.a. .

Für die Durchführung und Auswertung der Laborversuche sind die in Tabelle 5.1 zusammengestellten Normen maßgebend.

Tabelle **5.1.** DIN-Normen für bodenmechanische Laborversuche

Norm	Datum	Inhalt
DIN 18121 T1	04.76	Wassergehalt, Bestimmung durch Ofentrocknung
E DIN 18121 T2	11.84	Wassergehalt, Bestimmung durch Schnellverfahren
DIN 18122 T1	04.76	Bestimmung der Fließ- und Ausrollgrenze
DIN 18122 T2	02.87	Bestimmung der Schrumpfgrenze
DIN 18123	04.83	Bestimmung der Korngrößenverteilung
V DIN 18124 T1	03.73	Bestimmung der Korndichte mit dem Kapillarpyknometer
DIN 18125 T1	05.86	Bestimmung der Dichte des Bodens; Laborversuche
DIN 18125 T2	05.86	Bestimmung der Dichte des Bodens; Feldversuche
V DIN 18126	03.81	Bestimmung der Dichte nichtbindiger Böden bei lockerster und dichtester Lagerung
V DIN 18130 T1	11.83	Bestimmung des Wasserdurchlässigkeitsbeiwertes; Laborversuche
V DIN 18134	07.76	Plattendruckversuch
DIN 18136	03.87	Bestimmung der einaxialen Druckfestigkeit
V DIN 18137 T1	03.72	Bestimmung der Scherfestigkeit, Begriffe und grundsätzliche Versuchsbedingungen
E DIN 18137 T1	06.85	Bestimmung der Scherfestigkeit, Begriffe und grundsätzliche Versuchsbedingungen
V DIN 18137 T2	04.83	Bestimmung der Scherfestigkeit, Dreiaxialversuch
DIN 18196	06.70	Bodenklassifikation für bautechnische Zwecke und Methoden zum Erkennen von Bodengruppen

Da eine abgeschlossene Theorie zum Bodenverhalten (Stoffgesetz) noch nicht vorliegt, gibt es eine Vielzahl von Varianten für die Scherfestigkeitsparameter (z.B. $\varphi', \varphi_u, \varphi_0', \varphi_s', \varphi_w, \varphi_r', \varphi_f', \varphi_c', c', c_u, c_w, c_c, c_r', c_f'$) die jeweils aus speziellen Versuchen durch spezielle Auswertungsprozeduren zu bestimmen sind. Welche Rechenwerte in eine Berechnung eingehen sollen, muß von Fall zu Fall entschieden werden. Meistens verwendet man die Parameter φ', c' für gesättigte dränierte Böden, und $(\varphi_u), c_u$ für undränierte bindige Böden. Man erhält:

φ, c : aus Rahmenscherversuchen

c_u : aus Laborflügelversuchen und UU-Triaxialversuchen

φ', c', c_u : aus CU-Triaxialversuchen

φ', c' bzw. φ, c : aus D-Triaxialversuchen

Man beachte, daß die im Bereich der Pfahlspitze vorherrschenden hohen Seitendrücke selten bei Laborgeräten eingestellt werden können.

Oft sind Rechenwerte aus Erfahrung nützlich. Solche findet man in der DIN 1055, in der EAU, in Lehrbüchern usw. Um dem Leser Mühe zu ersparen sind sie in den Tabellen 5.2 bis 5.5 zusammengestellt.

Bei Zusammendrückung ist der Steifemodul E_s proportional zur effektiven Spannung σ_z':

$$E_s = \frac{1+e}{C_c}\sigma_z' \quad . \tag{5.1}$$

C_c ist der Kompressionsbeiwert und e ist die Porenzahl, deren typische Werte hier aufgeführt sind. Bei Entlastung ist statt C_c der Schwellbeiwert C_s zu nehmen.

Man beachte auch die in [5.2] angegebenen Korrelationen.

Tabelle 5.2. Kompressionseigenschaften nichtbindiger und bindiger Böden nach Gudehus [5.1]

Erdstoff	C_c	C_s	e
Kiessand	0,001	0,0001	0,3
Feinsand, dicht	0,005	0,0005	0,5
Feinsand, locker	0,01	0,001	0,7
Grobschluff	0,02	0,002	0,8
toniger Schluff	0,03–0,6	0,01–0,02	0,9–1,2
Kaolin-Ton	0,1	0,03	1,5
Klei	0,1–0,3	0,03–0,1	1,2–2,5
Montmorillonit-Ton	0,5	0,4	5,0
Torf	1	0,3	10,0

Tabelle 5.3. Erfahrungswerte für bindige Böden

Bodenart	Lagerung	γ $[kN/m^3]$	γ' $[kN/m^3]$	φ' $[\,^\circ]$	c' $[kN/m^2]$	c_u $[kN/m^2]$	E_s $[MN/m^2]$
anorganische bindige Böden mit ausgeprägt plastischen Eigenschaften ($w_L > 50\%$)	weich	18	8	17,5	0	15	
	steif	19	9	17,5	10	35	
	halbfest	20	10	17,5	25	75	
anorganische bindige Böden mit mittelplastischen Eigenschaften ($50\% \geq w_L \geq 35\%$)	weich	19	9	22,5	0	5	
	steif	19,5	9,5	22,5	5	25	
	halbfest	20,5	10,5	22,5	10	60	
anorganische bindige Böden mit leicht plastischen Eigenschaften ($w_L < 35\%$)	weich	20	10	27,5	0	0	
	steif	20,5	10,5	27,5	2	15	
	halbfest	21	11	27,5	5	40	
organischer Ton, organischer Schluff	weich	14	4	15	0	10	
	steif	17	7	15	0	20	
Ton	halbfest	19	9	25	25	50–100	5–10
Ton, schwer knetbar	steif	18	8	20	20	25–50	2,5–5
Ton, leicht knetbar	weich	17	7	17,5	10	10–25	1–2,5
Geschiebemergel	fest	22	12	30	25	200–700	30–100
Lehm	halbfest	21	11	27,5	10	50–100	5–20
Lehm	weich	19	9	27,5		10–25	4–8
Schluff		18	8	27,5		10–50	3–10
Klei, org., tonarm	weich	17	7	20	10	10–25	2–5
Klei, stark org., tonreich,	weich	14	4	15	15	10–20	0,5–3
Torf		11	1	15	5	10	0,4–1
Torf unter mäßiger Vorbelastung		13	3	15	10	20	0,8–2

Tabelle 5.4. Erfahrungswerte für bindige und nichtbindige Böden

Bodenart	n	e	w_{max}	γ_d [kN/m^3]	γ_r [kN/m^3]	γ_s [kN/m^3]
gleichkörniger Sand, locker	0,46	0,85	0,32	1,43	1,89	
gleichkörniger Sand, dicht	0,34	0,51	0,19	1,75	2,09	
gemischtkörniger Sand, locker	0,40	0,67	0,25	1,59	1,99	
gemischtkörniger Sand, dicht	0,30	0,43	0,16	1,86	2,16	
diluvialer Mehlsand, sehr ungleichkörnig	0,20	0,25	0,09	2,12	2,32	
weicher diluvialer Ton	0,55	1,20	0,45		1,77	
steifer diluvialer Ton	0,37	0,60	0,22		2,07	
weicher, schwach, organischer Ton	0,66	1,90	0,70		1,58	
weicher, stark organischer Ton	0,75	3,00	1,10		1,43	
weicher Bentonit	0,84	5,20	1,94		1,27	
Grobkies	0,27–0,41	0,37–0,69		16–19		26–27
Kiessand ($U > 10$)	0,25–0,40	0,33–0,66		16–20		26,5
Sand ($U < 5$)	0,36–0,43	0,56–0,77		15–17		26,5
Schluff (vorw. Quarz)	0,28–0,40	0,39–0,66		16–19		26,5
Schluff (vorw. Kalk)	0,23–0,43	0,30–0,75		16–20		26–28
Ton, gesättigt, weichplastisch	0,74–0,82	2,86–4,60			15–17	27–28
Ton, steifplastisch	0,67–0,75	2,00–3,00			17–19	27–28
Ton, halbfest	0,59–0,68	1,45–2,11			19–21	27–28

5.2 Bestimmung der Bodenparameter durch Sondierungen

Den verständlichen Wunsch, die Bodenparameter *in situ* zu bestimmen, erfüllen die verschiedenen vorgeschlagenen Sonden nur partiell. Ihre Aussage über die vorherrschenden Bodenverhältnisse ist indirekt (und oft fehleranfällig) und kann nur im Zusammenhang mit *Schlüsselbohrungen* aufgeschlüsselt werden. Die wichtigsten Sonden sind:

- Rammsonde,

- Drucksonde,

- Flügelsonde,

Tabelle 5.5. Erfahrungswerte für nichtbindige Böden

Bodenart	Lagerung	γ [kN/m³]	γ_r [kN/m³]	φ' [°]
Sand, schwach	locker	17	19	30
schluffiger Sand,	mitteldicht	18	20	32,5
Kies-Sand, eng gestuft	dicht	19	21	35
Sand, locker, rund		18	20	30
Sand, locker, eckig		18	20	32,5
Sand, mitteldicht, rund		19	21	32,5
Sand, mitteldicht, eckig		19	21	35
Kies, Geröll	locker	17	19	32,5
Steine, mit geringem	mitteldicht	18	20	35
Sandanteil, eng gestuft	dicht	19	21	37,5
Kies ohne Sand, Natur-		16	20	37,5
schotter, scharfkantig		18	21	40
Sand, Kies-Sand, Kies,	locker	18	20	30
weit oder intermittierend	mitteldicht	19	21	32,5
gestuft	dicht	20	22	35
Sand, Kies-Sand, Kies,	locker	18	20	30
schwach schluffiger Kies,	mitteldicht	20	22	32,5
weit oder intermittierend	dicht	22	24	35
gestuft				

- Pressiometer,

- Seitendrucksonde,

- Dilatometer.

Während die ersten drei Sondentypen hauptsächlich die Abschätzung der Pfahltragfähigkeit (Spitzendruck und Mantelreibung) ermöglichen, sind die drei letzten Sondentypen eher dafür geeignet, das horizontale Tragverhalten (Bettungsmodul und Fließdruck) abzuschätzen.

Um die Aussagefähigkeit der verschiedenen Sondierungen im Hinblick auf das Pfahlverhalten zu testen, wurde anläßlich des Europäischen Symposiums über Sonderuntersuchungen in Amsterdam 1982 [5.3] ein interessantes Experiment durchgeführt: Ein 15 m langer Stahlbeton-Pfahl mit einem quadratischen Querschnitt von $0,25\text{m}^2$ wurde in den Boden eingerammt. In unmittelbarer Umgebung wurden folgende Sondierungen vorgenommen:

- Drucksondierung (CPT),

- Rammsondierung (es wurden zwei verschiedene Varianten mit den Bezeichnungen DPA und DPB durchgeführt),

- Standart Penetration Test (SPT),

- Pressiometer.

Die Ergebnisse der Sondierungen wurden verschiedenen Wissenschaftlern mitgeteilt, die daraus das Kraft-Verschiebungs-Verhalten des Pfahls vorausgesagt haben. Anschließend wurde eine Probebelastung des Pfahls durchgeführt. Die Ergebnisse (s. Bild 5.1) geben Aufschluß über die Treffsicherheit und die Streubreite solcher Voraussagen.

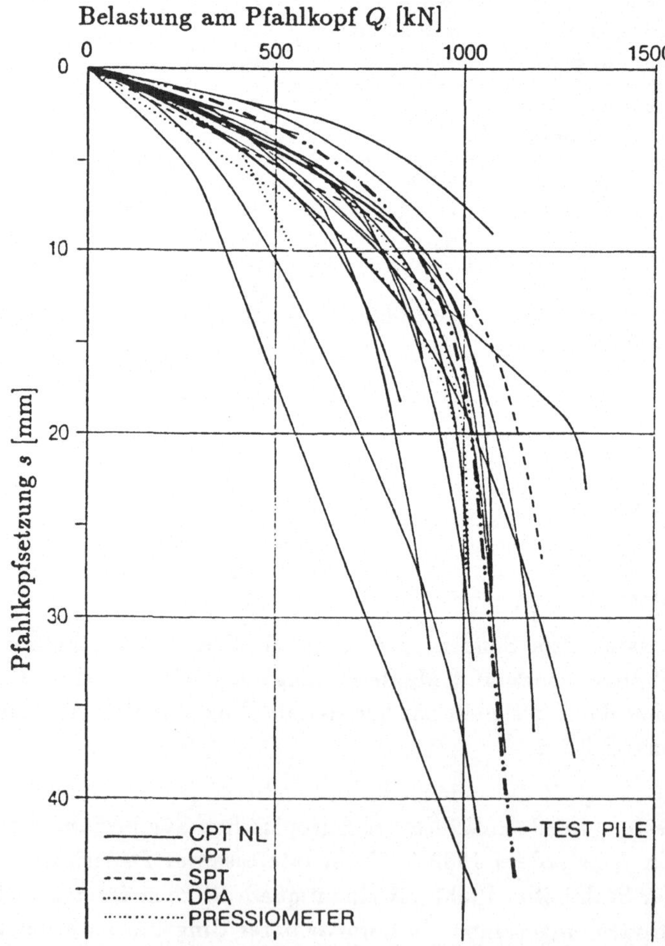

Bild 5.1. Kraft-Verschiebungs-Verhalten am Pfahlkopf eines 15 m langen Pfahls. Gemessene Kurve und Voraussagen aufgrund von Sondierungen

5.2.1 Rammsonde

Gemessen wird die Anzahl der Schläge n_{10} je 10 cm Eindringung. Der Mantelwiderstand wird durch verdickte Spitze (oft: verlorene Spitze) oder Verrohrung eliminiert.

Tabelle 5.6. Merkmale von Rammsonden

Gerät	Rammgewicht [kg]	Fallhöhe [cm]	Spitzenquerschnitt [cm²]	max. Tiefe [m]
leichte Rammsonde LRS 5	10	50	5	~ 8
leichte Rammsonde LRS 10	10	50		~ 8
mittelschwere Rammsonde MRS A 10	30	20	10	
mittelschwere Rammsonde MRS B 10	30	50	10	
schwere Rammsonde SRS 10	50	50	10	~ 25
schwere Rammsonde SRS 15	50	50	15	~ 25

Abmessungen usw. sind der DIN 4094 (Teil 1, November 1974 und Teil 2, Mai 1980) zu entnehmen. Zur schnellen Feststellung der Grenzen von Schichten deutlich verschiedener Festigkeit ist die Rammsonde besonders geeignet. Die Auflösungsfähigkeit nimmt mit zunehmender Masse des Rammbären und mit abnehmenden Durchmesser der Sondenspitze ab. Bei Böden mit Steineinlagerungen können bei der leichten Rammsonde Rammschwierigkeiten auftreten. Zu niedrige Schlagzahlen bei einkörnigem Kies und zu hohe Schlagzahlen bei Torf können u.U. einen falschen Eindruck über die Bodenverhältnisse erwecken. Bis zu einer Grenztiefe wächst der Sondierwiderstand mit der Tiefe, darunter bleibt er nahezu konstant.

Ein Sonderfall der Rammsondierung stellt der sog. *Standard Penetration Test (SPT)* der American Society for Testing and Materials dar. Hierbei wird die Sondierung mit der Probenentnahme dadurch kombiniert, daß jeweils von der Sohle eines Bohrlochs aus ein aufklappbarer Entnahmestutzen (Innendurchmesser 35 mm, vorne mit Schneidering versehen) 45 cm tief in den Boden eingerammt wird. Die Schlagzahl n_{30} für die letzten 30 cm (1 foot) Eindringung wird registriert. Im Gegensatz zur Rammsonde wird also hier der Boden nicht seitlich verdrängt. Die Tauglichkeit des SPT ist umstritten, da der Boden im Entnahmebereich durch das Bohrloch erheblich gestört sein kann. Insbesondere bei Sondierungen unterhalb des Grundwasserspiegels ist der SPT wenig verläßlich. Die in Tabelle 5.7 zusammengefaßten Erfahrungswerte liegen für SPT vor.

Für die relativen Dichten

$$D_n := \frac{n_{\max} - n}{n_{\max} - n_{\min}} \quad ; \quad D_e := \frac{e_{\max} - e}{e_{\max} - e_{\min}} \tag{5.2}$$

Tabelle 5.7. Erfahrungsmäßige Korrelation zwischen n_{30} und Dichte bzw. Konsistenz

| SPT im *nichtbindigen* Boden | | SPT im *bindigen* Boden | |
n_{30}	Lagerung	n_{30}	Konsistenz
0–4	sehr locker	0–2	sehr weich
4–10	locker	2–4	weich
10–30	mitteldicht	4–8	mittel
30–50	dicht	8–15	steif
> 50	sehr dicht	15–30	sehr steif
		> 30	hart

liegen nach DIN 4094 die in Tabelle 5.8 zusammengefaßten, auf Erfahrung basierenden Schätzformeln vor. Für bindige Böden gilt näherungsweise

$$c_u[\text{kN/m}^2] \approx 6\, n_{30} \quad . \tag{5.3}$$

Tabelle 5.8. Schätzformeln für die relative Lagerungsdichte aus der Schlagzahl n_{10} bzw. n_{30}

Ramm-sonde	Sand $U \leq 3$ oberhalb GW $3 \leq n_{10} \leq 50$	Sand $U \leq 3$ im GW $3 \leq n_{10} \leq 50$	Sand-Kies $U \geq 6$ oberhalb GW $3 \leq n_{10} \leq 50$
LSR 5	$D_n = 0,02 + 0,375 \cdot \lg n_{10}$ $D_e = 0,10 + 0,365 \cdot \lg n_{10}$	$D_n = 0,14 + 0,315 \cdot \lg n_{10}$ $D_e = 0,22 + 0,300 \cdot \lg n_{10}$	— —
LSR 10	$D_n = 0,03 + 0,270 \cdot \lg n_{10}$ $D_e = 0,15 + 0,260 \cdot \lg n_{10}$	$D_n = 0,13 + 0,250 \cdot \lg n_{10}$ $D_e = 0,21 + 0,230 \cdot \lg n_{10}$	— —
SRS 15	$D_n = 0,02 + 0,455 \cdot \lg n_{10}$ $D_e = 0,10 + 0,435 \cdot \lg n_{10}$	$D_n = 0,15 + 0,405 \cdot \lg n_{10}$ $D_e = 0,23 + 0,380 \cdot \lg n_{10}$	$D_n = -0,18 + 0,545 \cdot \lg n_{10}$ $D_e = -0,14 + 0,550 \cdot \lg n_{10}$
SPT	$D_n = 0,02 + 0,400 \cdot \lg n_{30}$ $D_e = 0,10 + 0,385 \cdot \lg n_{30}$	$D_n = 0,10 + 0,390 \cdot \lg n_{30}$ $D_e = 0,18 + 0,370 \cdot \lg n_{30}$	$D_n = -0,08 + 0,450 \cdot \lg n_{30}$ $D_e = -0,03 + 0,455 \cdot \lg n_{30}$

5.2.2 Drucksonde

Bei den Drucksondierungen wird die zum Eindrücken eines Stabes mit kegelförmiger Spitze (Querschnitt meist 10 cm^2) in den Boden erforderliche Kraft gemessen. Drucksondierungen sind nicht anwendbar bei Grobkies oder Steinen. Maximale Tiefe: 25 m (bis 40 m). Ein Gegendruck von bis zu 100 kN (10 t) ist erforderlich (entweder als Totlast oder durch provisorische Zuganker und Traversen bereitgestellt). Da im wesentlichen der *Spitzendruck* q_s interessiert, wird die Mantelreibung durch ein Mantelrohr eliminiert. Bei neueren Modellen mit elektronischen Meßeinrichtungen kann der Spitzendruck separat gemessen werden (Degebo-Sonde). Seine Differenz zur gesamten Eindringkraft ergibt eine über die Tiefe gemittelte (aber infolge Störungen oft fehlerhafte) Mantelreibungskraft. Besser ist es, auch die Mantelreibung im unmittelbaren Bereich der Spitze (also lokal) zu messen. Dies geschieht mit Hilfe besonderer Aufnehmer.

Moderne Drucksonden haben auch einen eingebauten Neigungsaufnehmer, der den Vortrieb automatisch stoppt, sobald die Lotabweichung einen bestimmten Grenzwert überschreitet. Dadurch kann ein Gestängebruch und Sondenverlust vermieden werden. Besondere Vorrichtungen gestatten es auch, den Porenwasserüberdruck an der Sondenspitze zu messen.

Die Eindringgeschwindigkeit der Sonde könnte u.U. die Ergebnisse beeinflussen (durch Porendruckbildung und -dissipation sowie infolge der Viskosität des Bodens). Erfahrungen aus Holland zeigen jedoch, daß man reproduzierbare Ergebnisse gewinnt, wenn die Eindringgeschwindigkeit innerhalb der Grenzen 1 und 4 cm/s bleibt.

Oft bleibt der Spitzendruck in homogenen Böden unterhalb einer gewissen Grenztiefe konstant. In hinreichender Tiefe wird q_s vom Grundwasser nicht beeinflußt. Folgende Korrelationen liegen vor (siehe auch DIN 4094, Teil 2):

Für Sande mit $U \leq 3$:

$$D_n = -0,23 + 0,60 \lg q_s \ [\mathrm{MN/m^2}], \tag{5.4}$$
$$D_e = -0,33 + 0,73 \lg q_s \ [\mathrm{MN/m^2}]. \tag{5.5}$$

Für Sande mit $U > 3$:

$$D_n = -0,25 + 0,33 \lg q_s \ [\mathrm{MN/m^2}], \tag{5.6}$$
$$D_e = -0,32 + 0,31 \lg q_s \ [\mathrm{MN/m^2}]. \tag{5.7}$$

Für gleichförmige erdfeuchte fein- bis mittelkörnige Sande kann man die Lagerungsdichte nach Tabelle 5.9 schätzen. Weitere Korrelationen werden von Hubáček [5.4] angegeben.

Tabelle 5.9. Lagerungsdichte in Abhängigkeit vom Spitzendruck q_s für erdfeuchte fein- bis mittelkörnige Sande nach Muhs [5.5]

q_s [MN/m²]	Lagerung
< 2,5	sehr locker
2,5– 7,5	locker
7,5–15	mitteldicht
15–25	dicht
> 25	sehr dicht

Für Sande läßt sich der Reibungswinkel φ' aus dem Spitzendruck q_s abschätzen (siehe Tabelle 5.10).

Tabelle 5.10. Schätzwerte des Reibungswinkels von Sand aus dem Spitzendruck q_s

q_s [MN/m^2]	Reibungswinkel φ' [°]
5,0	32,5
7,5	35,0
15,0	37,5
25,0	40,0

Die Abschätzung des Steifemoduls

$$E_s \approx (1,5 \text{ bis } 3)q_s \tag{5.8}$$

ist für nichtbindige Böden recht ungünstig. Für wassergesättigte normalkonsolidierte bindige Böden gilt

$$c_u \approx (0,05 \text{ bis } 0,10)q_s \quad . \tag{5.9}$$

Das Verhältnis der lokalen Mantelreibung τ_{mg} (im Bereich der Spitze) zum Spitzendruck ist bodentypisch. Es kann somit zur Bestimmung der durchfahrenen Bodenart herangezogen werden. Mit einem bestimmten Sondentyp ergaben sich die in Tabelle 5.11 zusammengestellten Werte.

Tabelle 5.11. Verhältnisse Mantelreibung/Spitzendruck für die Fugro-Sonde

Bodenart	τ_{mg}/q_s
schwach grobsandiger Sand	$< 0,006$
Sand	0,006–0,010
Feinsand	0,010–0,011
schluffiger Sand	0,011–0,014
toniger Sand	0,014–0,018
sandiger Ton	0,018–0,022
Lehm, Schluff	0,022–0,025
schluffiger Ton	0,025–0,030
Ton	0,030–0,040
toniger Torf	0,040–0,060
Torf	$> 0,060$

Nach DIN E 4014 darf in grobkörnigen Böden mit weniger als 10 % Körnern größer als 20 mm Durchmesser q_s aus der Schlagzahl n_{10} der schweren Rammsonde abgeschätzt werden:

$$q_s \text{ [MN/m}^2] \approx n_{10} \quad . \tag{5.10}$$

Tabelle 5.12. Beziehung zwischen q_s und n_{30} aus SPT nach DIN E 4014

Bodenart	q_s/n_{30} [MN/m²]
Fein- bis Mittelsand oder leicht schluffiger Sand	0,3 bis 0,4
Sand oder Sand mit etwas Kies	0,5 bis 0,6
weitgestufter Sand	0,5 bis 1,0
sandiger Kies oder Kies	0,8 bis 1,0

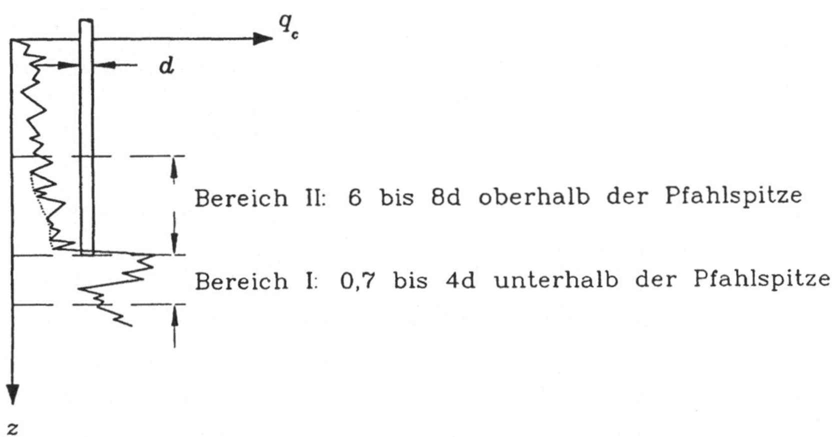

Bild 5.2. Zur Festlegung von σ_{sg} aus der Mittelung des Sondierdiagramms der holländischen Spitzendrucksonde (CPT) nach der Koppejan-Methode

Die Umrechnung zwischen der Schlagzahl n_{30} aus SPT und dem Sondierspitzendruck q_s erfolgt nach DIN E 4014 wie in Tabelle 5.12 angegeben.

Der Sondierspitzendruck q_s ist eine über die Tiefe stark schwankende Größe. In die Berechnung gehen Mittelwerte ein, deren Festlegung dem Ermessen des Ingenieurs unterliegt. In Holland legt man den Grenzwert σ_{sg} des Pfahlspitzendrucks von Verdrängungspfählen durch eine Mittelung des Sondierdruck-Diagramms $q_s(z)$ (Koppejan-Methode [5.6, 5.7, 5.8]) fest (siehe Bild 5.2 und Gleichung 5.11):

$$\sigma_{sg} \approx \frac{1}{4}(q_{sa} + q_{sb}) + \frac{1}{2}q_{sc} \tag{5.11}$$

mit

q_{sa} = Mittelwert des Spitzendrucks q_s im Bereich I,

q_{sb} = Minimum des Spitzendrucks q_s im Bereich I,

q_{sc} = Mittel der Einhüllenden der Minima von q_s im Bereich II.

Zur Anwendung der Formel 5.11 sollten keine q_s-Werte herangezogen werden, die aus SPT (etwa nach Tabelle 5.12) zurückgerechnet worden sind. Die Bestimmung von q_{sa}, q_{sb}, q_{sc} kann — geringfügig modifiziert — wie folgt vorgenommen werden (sog. Methode von Delft [5.8]):

q_{sa} ist der Mittelwert von q_s im Bereich I

q_{sb} ist der Mittelwert von $q_s{}^*$ im Bereich I

q_{sc} ist der Mittelwert von $q_s{}^*$ im Bereich II.

Die Mittelwerte sind durch arithmetische Mittelung zu bilden. Dies setzt voraus, daß die $q_s(z)$-Kurve in Form einer Zahlentabelle vorliegt, d.h., daß für die Tiefen $z_1, z_2, \ldots, z_i, \ldots$ die Werte $q_{s1}, q_{s2}, \ldots, q_{si}, \ldots$ aufgezeichnet sein sollen. Die Tiefen z_i sollen einigermaßen äquidistant sein. Wenn nun auf einen Tiefenbereich die n Werte $q_{s1}, q_{s2}, \ldots, q_{sn}$ entfallen, so ist hier deren Mittelwert definiert als

$$\frac{\frac{1}{2}q_{s1} + q_{s2} + q_{s3} + \cdots + q_{sn-1} + \frac{1}{2}q_{sn}}{n} \quad .$$

Die $q_s{}^*$-Werte erhält man aus den q_s-Werten im Bereich I bzw. Bereich II wie folgt: Fortschreitend von oben nach unten untersucht man jeden Wert q_{si}, ob er größer als alle (im betrachteten Bereich) darüberliegenden Werte ist. Ist dies nicht der Fall, so werden diejenigen Werte, die größer als q_{si} sind, durch q_{si} ersetzt.

Die Bestimmung des Grenzspitzendrucks σ_{sg} nach der Methode von Koppejan hat sich in Holland sehr gut bewährt. Man sollte allerdings beachten, daß sie nur für normalkonsolidierte (d.h. nicht vorbelastete) Fein- bis Grobsande gilt. Die nach der Koppejan-Methode ermittelten σ_{sg}-Werte sind für andere Bodentypen wie folgt abzumindern:

- mit dem Faktor $\frac{2}{3}$ für stark kiesigen Grobsand und für Sand mit OCR = 2 bis 4,

- mit dem Faktor $\frac{1}{2}$ für Feinkies und für Sand mit OCR = 6 bis 10.

Man beachte ferner, daß die Koppejan-Methode bei extrem großen q_s-Werten nicht funktioniert. Insofern sollten die nach dieser Methode ermittelten σ_{sg}-Werte nicht größer als 15 MN/m² sein; fallen sie größer aus, sind sie auf diesen Wert zu reduzieren.

5.2.3 Schwedische Gewichtssonde

Die schwedische Gewichtssonde (WST, weight sounding test) findet breite Anwendung in den skandinavischen Ländern und in Finnland [5.9]. Ein Stab (Durchmesser 22 mm), dessen unteres Ende mit einer Schraubspitze versehen ist, wird mit Gewichten in den Untergrund eingetrieben. Wenn die Gewichte zum Eindrücken nicht ausreichen, wird der Stab gedreht. Gemessen wird die Anzahl der Halbumdrehungen pro 20 cm Eindringung. Daraus schließt man durch empirische Beziehungen auf die Eigenschaften des Bodens. Die schwedische Gewichtssonde ist in bindigen Böden sowie in locker bis mitteldicht gelagerten Sanden anwendbar.

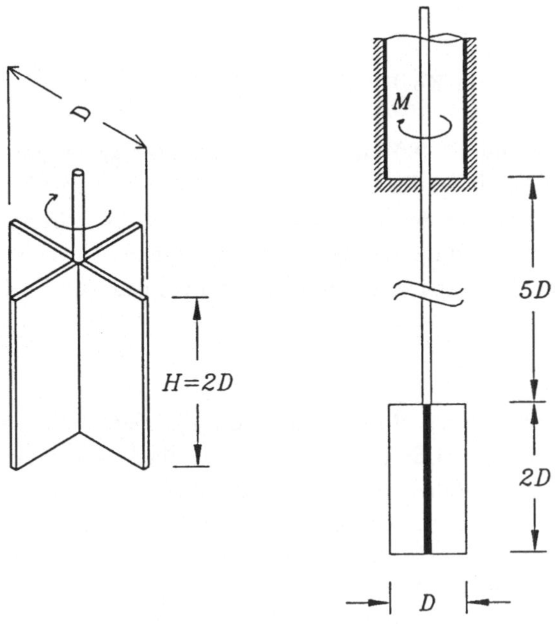

Bild 5.3. Flügelsonde

5.2.4 Flügelsonde

Anwendbar bei normalkonsolidierten Böden weicher bis u.U. steifer Konsistenz ($c_u \leq$ 100 kN/m²). Es wird das maximale Drehmoment M eines Flügels im Boden gemessen (siehe Bild 5.3). Zur Eliminierung der Mantelreibung wird die Flügelsonde in ein verrohrtes Bohrloch eingeführt. Zur Messung wird sie von der jeweiligen Bohrlochsohle um mindestens $7D$ in den Boden eingedrückt und anschließend mit einer Geschwindigkeit von $0,1$ bis $0,4°$/s gedreht. c_u ergibt sich aus der Formel

$$c_u = \frac{6M}{7\pi D^3} \quad . \tag{5.12}$$

Dabei wird nicht nur die Mantelfläche, sondern es werden auch die Stirnflächen des gedrehten Erdpfropfens berücksichtigt. Nach 5maliger Drehung kann auch die Restfestigkeit ermittelt werden. Das tatsächliche Spannungs- und Verformungsfeld um die Sonde ist unbekannt, daher sind die so ermittelten c_u-Werte nur grobe Näherungen. Da die Verformungsgeschwindigkeit bei der Flügelsondierung viel größer als in natura ist, muß die Viskosität bindiger Böden über den Korrekturfaktor μ nach Bjerrum [5.10] berücksichtigt werden. μ ist in Abhängigkeit der Plastizitätszahl $I_p = w_L - w_P$ von Bjerrum grafisch angegeben worden. Analytisch läßt sich diese Beziehung (für $I_p > 0$) wie folgt darstellen:

$$\mu \approx \sqrt{0,33 - 0,24 \ln I_p} \qquad (I_p \text{ nicht in \%!}) \quad . \tag{5.13}$$

5.2.5 Pressiometer

Anfang der 30er Jahre von Kögler als "Seitendruckapparat" eingeführt. "Pressiometer" ist eine Weiterentwicklung von Ménard [5.11]. Eine zylindrische Gummiblase (ϕ 44 bis 70 mm, $l = 200$ bis 400 mm) wird hydraulisch gegen das Bohrloch aufgeblasen. Registriert werden dabei der Druck und die Volumenvergrößerung der Blase. Aus der so erhaltenen Kurve werden der Steifemodul und die Scherfestigkeit des Bodens berechnet — jedoch nicht ohne weitgehende Annahmen. Unverfänglicher ist dagegen die Bestimmung von Bodenparametern aus Erfahrungen mit ähnlichen Böden.

5.2.6 Seitendrucksonde

Während im Pressiometer das Bohrloch radial aufgeweitet wird, werden bei den Seitendrucksonden zwei sich im Bohrloch befindliche Backen auseinandergedrückt. Aus dem linearen Bereich des dabei registrierten Kraft-Verschiebungs-Verlaufs wird dann der Bettungsmodul bestimmt. Bekannt sind die Goodman-Sonde (ϕ72 bis 80 mm, $p \leq 25$ MN/m² bzw. ϕ 900 bis 990 mm, $p \leq 10$ MN/m²), die Stuttgarter Sonde (ϕ 143 mm) [5.5] und die Karlsruher Sonde [5.12] (siehe Bild 5.4). Die Qualität der Ergebnisse von Seitendrucksondierungen hängt stark von Zustand der Bohrlochwand und somit vom Bohrverfahren ab. Meist wird die Steifigkeit des Bodens unterschätzt.

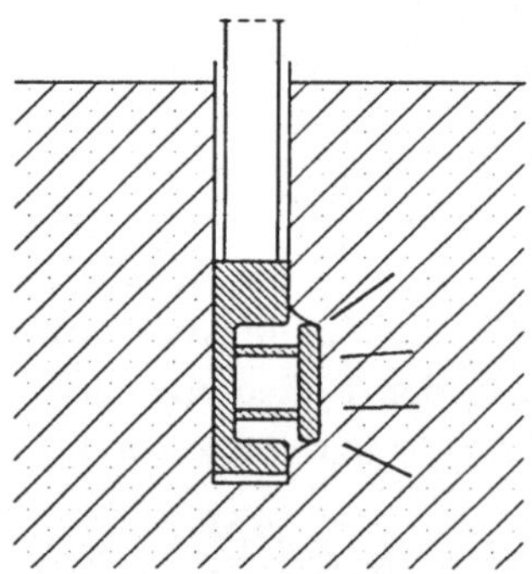

Bild 5.4. Karlsruher Seitendrucksonde (Prinzipskizze)

5.2.7 Dilatometer

Eine 14 mm dicke spatenförmige Sonde (Breite = 95 mm) wird in den Boden eingedrückt. Auf der Flachseite des Spatens ist eine Stahlmembran (ϕ 60 mm) angeordnet, die pneumatisch mit Druck beaufschlagt werden kann. In Tiefenintervallen von 20 cm werden die Drücke p_A (= Druck, bei dem die Membran gerade anspricht) und p_B (= Druck, bei dem die Membran um 1 mm in den Boden eingedrückt wird) gemessen. Daraus werden dann durch Korrelationen die Bodenparameter K_0, OCR, c_u bestimmt [5.13].

5.2.8 Telemetrische Sonden

In schwer zugänglichen Gebieten können sogenannte telemetrische Sonden eingesetzt werden, die vom Hubschrauber bzw. Flugzeug abgeworfen werden. Vermöge ihrer großen Aufprallgeschwindigkeit und ihrer schlanken Form können sie bis zu 30 m in den Boden eindringen. Tiefen bis zu 100 m sollen erreichbar sein. Die Messung erfolgt durch einen Beschleunigungsaufnehmer, der seine Aufzeichnungen mit Hilfe eines eingebauten Senders bzw. eines Kabels übermittelt.

5.3 Bodenuntersuchungen für offshore-Pfahlgründungen

Für die Dimensionierung von pfahlgegründeten Bohrplattformen müssen die Bodenverhältnisse bis unterhalb der Pfahlspitze erkundet werden. Die Erkundungstiefe muß größer sein als die Summe aus Pfahllänge (heute über 100 m) und Pfahlgruppenbreite. Wenn man noch bedenkt, daß die Wassertiefen bis über 300 m reichen und daß man oft mit rauher See und Stürmen rechnen muß, ersieht man die Schwierigkeit dieser Aufgabe [5.14]. Schon die Lokalisierung der Ansatzpunkte von Bohrungen und Sondierungen erweist sich als schwierig und kann Interpretationsfehler verursachen. Die Genauigkeit von 5 bis 10 m der heutigen Navigationsortung reicht allenfalls für Voruntersuchungen. Für die weitere Untersuchung eines engen Bereichs werden auf den Meeresgrund akustische Signalgeber plaziert, die eine Positionierung auf $\pm 0,5$ m erlauben. Schichtgrenzen werden mit geophysikalischen Methoden ermittelt. Fernbediente Probenentnahmegeräte können von Schiffen abgelassen werden. Diese treiben durch ihr Eigengewicht und/oder Vibrationen Entnahmestutzen in den Boden hinein. Bohrungen und Sondierungen können von Schiffen unternommen werden, die mit bis zu 6 Ankern in Wassertiefen bis zu 300 m ihre Position einhalten können. Größere Schiffe mit sogenannter dynamischer Positionierung können in noch größeren Wassertiefen operieren. Drucksondierungen können von fernbedienten Geräten auf dem Meeresgrund oder durch Bohrlöcher durchgeführt werden. Bei der Auswertung von labormäßig untersuchten Proben muß man berücksichtigen, daß ihre Qualität oft an den erschwerten Entnahmebedingungen leidet. Daher liefern in-situ Flügelsondierungen zuverlässigere c_u-Werte als Triaxialversuche im Labor. Drucksonden liefern erstaunlich gut reproduzierbare Ergebnisse.

6 Statische Probebelastung

6.1 Vertikale Probebelastung

Sie dient der direkten Ermittlung des Kraft-Setzungsverhaltens und der Grenzlast von Pfählen. Im Vergleich zu Erfahrungswerten liefert sie zuverlässigere Ergebnisse, ist aber teuer. Der hohe Aufwand kann sich lohnen, wenn sich größere Tragfähigkeiten als nach den Erfahrungswerten ergeben.

Vorschriften für die Probebelastung finden sich in der DIN 1054, insbesondere im Anhang A (Regeln für die einheitliche Vorbereitung und Durchführung der Probebelastung von Pfählen, für die Messungen und die Aufzeichnungen der Versuchsergebnisse.)

> Im Wesentlichen fordert die DIN, daß die Belastung in Stufen aufgebracht wird und daß auch mehrere Entlastungen vorgenommen werden sollen. Bei jeder Laststufe soll das Abklingen der Setzungen abgewartet werden. Es ist ein detaillierter Bericht über die Probebelastung zu erstellen.

Man beachte auch die Empfehlungen für die Durchführung von axialen Pfahl-Probelastungen, Teil I, Statische Belastung, des ISSMFE-Kommittees (Int. Society for Soil Mechanics and Foundation Engineering) "Feld- und Laborversuche" [6.1].

Bei der Probebelastung wird die Pfahlkopfsetzung s zusammen mit der dazugehörigen Pfahlkraft Q aufgezeichnet (siehe Bild 6.1). Häufig (z.B. bedingt durch die beschränkte Kapazität der Presse) wird die Grenzlast Q_g (= Last, bei der der Pfahl ohne weitere Laststeigerung in den Boden einsinkt) nicht erreicht. Dann gilt eben als Grenzlast die maximal aufgebrachte Last. Alternativ dazu haben verschiedene Autoren vorgeschlagen, als Grenzlast diejenige Pfahllast zu definieren, bei der eine der folgenden Größen einen bestimmten Wert erreicht:

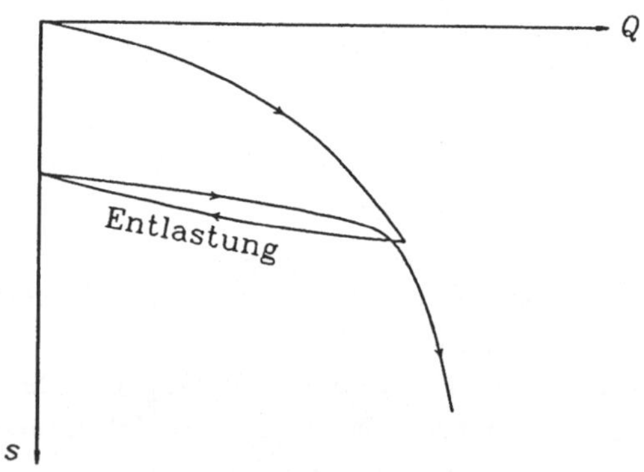

Bild 6.1. Typische Form einer $Q(s)$-Kurve aus einer Probebelastung

- s (Setzung),

- s_{bl} (bleibende Setzung),

- $(s - s_{bl})/s_{bl}$,

- s/Q,

Tabelle 6.1. Wassergehalte an der Fließgrenze. Erfahrungswerte nach Gudehus [6.3]

Erdstoff	Mineral	w_L	w_A
Schluff	Quarz		30
schluffiger Ton	Kaolinit und Quarz	30–60	60
Rohton	Kaolinit	60–80	80
Rohton	Ca-Montmorillonit	200	300
Rohton	Na-Montmorillonit	500	700

- $\mathrm{d}s/\mathrm{d}Q$,

- $\mathrm{d}(s - s_{\mathrm{bl}})/\mathrm{d}Q$.

Der Vorschlag, die gemessenen Wertepaare $\{Q, s\}$ an die Funktion $Q = Q_g(1 - e^{-\alpha s})$ anzupassen und daraus Q_g zu bestimmen, hat sich nicht bewährt.

Der Ansatz von Rollberg (nach [6.2]) scheint die $Q(s)$-Kurve realistischer zu beschreiben,

$$Q(s) = \begin{cases} \dfrac{s}{a + bs} & \text{für } 0 \leq s \leq s_0 \\[2mm] c + ds & \text{für } s_0 \leq s, \end{cases} \tag{6.1}$$

hat aber den Nachteil, daß er Q_g nicht beinhaltet.

Die DIN schreibt weder ein bestimmtes Belastungsprogramm vor, noch gibt sie an, wie lange jede Laststufe dauern soll. Dies ist deswegen mißlich, weil bei jeder Laststufe Kriechen eintritt, dessen Beendigung selten abgewartet werden kann. Es liegen verschiedene Vorschläge vor. Danach soll jede Laststufe solange dauern, bis die Kriechgeschwindigkeit auf einen bestimmten Wert (z.B. 0,25 mm/h) abgesunken ist. Alternativ dazu kann man eine feste Einwirkungsdauer für jede Laststufe vereinbaren. Eine andere Möglichkeit ist es, die Probebelastung *weggesteuert*, d.h. mit einer konstanten Geschwindigkeit $\dot{s} = \dot{s}_0$ durchzuführen. Die dabei gewonnene Kurve $Q_0(s)$ bezieht sich auf die Geschwindigkeit $\dot{s}_0$, man kann aber daraus die bei einer Geschwindigkeit $\dot{s}_1$ zu erwartende Pfahlkraft Q_1 vermittels der Beziehung von Leinenkugel erhalten

$$Q_1 = Q_0 \left(1 + I_v \ln \frac{\dot{s}_1}{\dot{s}_0}\right) \quad . \tag{6.2}$$

Der Zähigkeitsindex I_v ist aus sog. Sprungversuchen[1] zu ermitteln, er läßt sich aber auch ganz gut mit w_L, dem Wassergehalt an der Fließgrenze, korrelieren (siehe Tabelle 6.1):

$$I_v \, [\%] \approx -7,02 + 2,551 \ln(w_L \, [\%]) \quad . \tag{6.3}$$

---

[1] Sprungversuche sind weggesteuerte Triaxialversuche, bei denen die Deformationsgeschwindigkeit sprunghaft verändert wird [6.3]. Aus der dabei beobachteten Spannungsänderung $\Delta\sigma$ läßt sich I_v ermitteln.

Stocker und Scheller [6.4] schlagen das in Tabelle 6.2 angegebene standardisierte Belastungsprogramm vor. Dabei ist Q_r die rechnerische Gebrauchslast. Die Angaben in eckigen Klammern gelten für bindige, sonst für nichtbindige Böden. Die Probebelastung dauert danach mindestens 14 h.

Tabelle 6.2. Probebelastung nach Stocker und Scheller. Mit '...' ist die für die jeweilige Belastungsänderung erforderliche Zeit gemeint. Erfahrungsgemäß beträgt sie ca. 10 Minuten.

Anfangslast	Endlast	Dauer
$Q_0 := 0,1\,Q_r$	$0,5\,Q_r$	...
$0,5\,Q_r$	$0,5\,Q_r$	1 h [2 h]
$0,5\,Q_r$	$0,75\,Q_r$	...
$0,75\,Q_r$	$0,75\,Q_r$	1 h [2 h]
$0,75\,Q_r$	Q_r	...
Q_r	Q_r	6 h [12 h] für $\varnothing < 30$ cm 12 h [24 h] für $\varnothing \geq 30$ cm
Q_r	$1,25\,Q_r$	...
$1,25\,Q_r$	$1,25\,Q_r$	1 h [2 h]
$1,25\,Q_r$	$1,5\,Q_r$	...
$1,5\,Q_r$	$1,5\,Q_r$	1 h [2 h]
$1,5\,Q_r$	$1,75\,Q_r$	...
$1,75\,Q_r$	$1,75\,Q_r$	1 h [2 h]
$1,75\,Q_r$	$2\,Q_r$	...
$2\,Q_r$	$2\,Q_r$	1 h [2 h]
$2\,Q_r$	Q_0	1 h bzw. $\dot{s} < 0,05$ mm/h

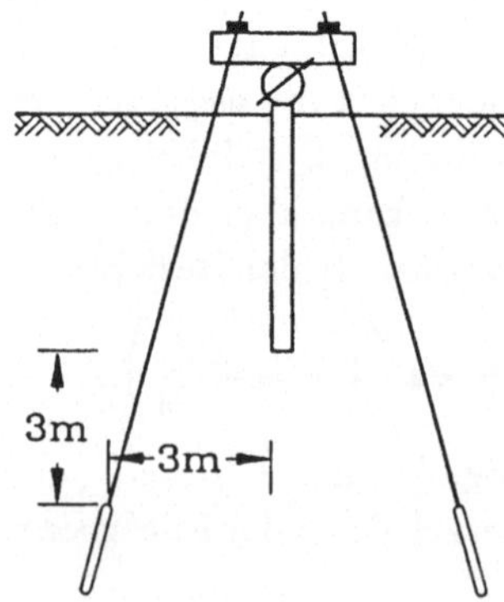

Bild 6.2. Mindestentfernung zwischen Pfahl und Verankerungskörper

Als Widerlager werden heute Verpreßanker oder Zugpfähle herangezogen (oft in Form einer Preßkrone oder eines Belastungsschuhs angeordnet.) Totlasten werden nur noch

für geringe Belastungen (bis ca. 1500 kN) oder im Ausland verwendet. Die Zugkräfte
sollen in hinreichender Entfernung vom Pfahl in den Boden eingeleitet werden, damit
kein Kraftkurzschluß entsteht. Die DIN verlangt als lichten Abstand zwischen Probe-
und Verankerungspfählen den 4fachen Pfahldurchmesser, jedoch mindestens 2,5 m.
Stocker und Scheller [6.4] empfehlen einen Abstand von mindestens 3 m in horizontaler
und in vertikaler Richtung zwischen Pfahlfuß und Verankerungskörper der Zuganker
(siehe Bild 6.2). Bei den i.a. schräg angeordneten Zugankern soll man beachten, daß
die Achsabweichung bei der Bohrung evtl. bis zu 10 % betragen kann.

Folgende Punkte sollen ferner beachtet werden (vgl. [6.4]):

- Die Lastaufbringung erfolgt durch hydraulische Pressen. Die Pfahlkraft sollte
  jedoch nicht über den Pressendruck bestimmt werden, da dieser Wert um die
  Kolbenreibung überhöht ist. Es könnte dadurch eine bis zu 10 % (oder mehr)
  überhöhte Pfahlkraft vorgetäuscht werden. Angebracht ist also die Verwendung
  von elektronischen Kraftmeßdosen mit einem Meßfehler von 1 % des Ablesewer-
  tes. Die Konstanthaltung der Last erfolgt entweder durch hydraulische Kontakt-
  manometer, welche den Pumpendruck konstant halten, oder (besser) durch elek-
  trische Grenzwertschalter in Verbindung mit einer elektronischen Kraftmeßdose.

- Die Messung der vertikalen Verschiebung erfodert eine Genauigkeit von 0,01 bis
  0,1 mm. Nach Möglichkeit sollte man zwei unabhängige Meßmethoden einsetzen.
  In Frage kommen Nivellements (Nivelliergeräte mit Planplattenmikrometer. Die
  Nivellements sollten an zwei unabhängige Fixpunkte angeschlossen werden) und
  (mechanische bzw. elektronische) Feinmeßuhren. Letztere bieten den Vorteil
  kontinuierlicher Messungen, sie unterliegen aber Schwankungen infolge Tempe-
  raturänderungen. Die Feinmeßuhren sollten an einer Meßbrücke montiert werden, deren Widerlager 3 bis 4 m entfernt von der Pfahlachse gegründet sein
  sollen. Man sollte mit zwei Feinmeßuhren die Vertikalverschiebungen und mit
  weiteren zwei die eventuellen Horizontalverschiebungen messen. Die Tempera-
  turkorrektur sollte durch Nivellements erfolgen.

Eine separate Messung der Mantelreibung und des Spitzendrucks erlaubt eher, die
Meßergebnisse auf andere Bodenverhältnisse zu übertragen.

Vielfach probiert man durch Druckbelastung die Summe aus Spitzendruck und Mantelreibung ($Q_{sg} + Q_{mg}$) und durch nachfolgende Zugbelastung die Mantelreibung Q_{mg}
zu ermitteln, wodurch beide Anteile separat bekannt wären. Dieses Vorgehen ist jedoch nicht zu empfehlen, da die anfängliche Druckbelastung die Verhältnisse so beeinträchtigt, daß die nachfolgende Zugbelastung einen verfälschten Q_{mg}-Wert ergibt.

Die Messung des Spitzendrucks erfolgt über *vollflächige* hydraulische bzw. elektronische Druckmeßkissen. Die Differenz zwischen Gesamtpfahlkraft und Spitzendruck
ergibt einen integralen Wert für die Mantelreibungskraft. Der Verlauf der Mantelreibungskraft über die Tiefe kann durch die Anordnung von Druckkissen im Pfahl
gemessen werden, was sehr schwierig hinsichtlich der Bewehrungsführung ist. Leich-

ter ist es, den Verlauf der Mantelreibungskraft mittelbar über die Messung der Axialdehnung zu bestimmen. Letztere kann durch Extensometer (unbefriedigend) oder (besser) durch Dehnungsmeßstreifen (DMS) gemessen werden. Diese können direkt an der Längsbewährung oder (besser) an speziellen Stahlteilen geklebt werden, die am Bewehrungskorb montiert werden. Bei großen Pfahldurchmessern sollten pro Meßquerschnitt mindestens 4 DMS angeordnet werden. Die Beschädigungsquote der DMS bzw. der zugehörigen Kabel beim Einbau und Betonieren kann unter 10 % gehalten werden. Zur Übertragung der Dehnungen in Spannungen wird der E-Modul des Pfahls benötigt, der aber innerhalb einer weiteren Spanne schwanken kann (zwischen 15 000 N/mm^2 und 40 000 N/mm^2). Der E-Modul fällt in den oberen 2 bis 3 m des Pfahls geringer aus und hängt auch stark von der Qualität und dem Alter des Betons ab. Bestimmt wird er anhand von Probewürfeln oder durch Kernbohrungen. Die Erhöhung des E-Moduls vom Beton durch die Längsbewehrung und durch Querdehnungsbehinderung durch Wendelbewehrung ist dabei zu berücksichtigen. Das Kriechen des Betons ist bei Pfählen, die jünger als 4 bis 6 Wochen sind, ebenfalls zu berücksichtigen.

Die Durchführung von mehr als einer Probebelastung wird von der DIN durch Herabsetzung der einzuhaltenden Sicherheiten "belohnt" (siehe Tabellen 6.3 und 6.4).

Tabelle 6.3. Erforderliche Sicherheiten für Druckpfähle

Druckpfähle		
Lastfall	η bei einer Probebelastung bzw. aus Erfahrungswerten	η bei mindestens 2 Probebelastungen
1	2	1,75
2	1,75	1,5
3	1,5	1,3

Tabelle 6.4. Erforderliche Sicherheiten für Zugpfähle

Zugpfähle mit Neigungen bis 2:1		
Lastfall	η bei einer Probebelastung bzw. aus Erfahrungswerten	η bei mindestens 2 Probebelastungen
1	2	2
2	2	1,75
3	1,75	1,5

Beipiele für Probebelastung mit Totlast: Im Zuge der Herstellung der Brücke über den Maracaibo-See wurden Probebelastungen an Bohrpfählen ⌀ 1,0 m und an Rammpfählen ⌀ 91,4 bzw. 135 cm durchgeführt [6.5]. Als Totlast wurde ein mit Sand gefüllter Stahlbehälter verwendet, der eine Belastung bis zu 11 MN ermöglichte und ein mit Betongewichten beladener Belastungsstuhl, der eine Belastung bis zu 20 MN ermöglichte. Die Last wurde jeweils mit Hilfe von seitlich angeordneten Ausgleichspressen allmählich gesteigert.

6.2 Pfahlfußpreßverfahren

Das Pfahlfußpreßverfahren nach Vollenweider [6.6] soll die Schwierigkeiten umgehen, die mit dem Preßwiderlager (sei es als Totlast oder als verankertes Joch) verknüpft sind und die mit größer werdenden Pfahltragfähigkeiten wachsen. Es besteht darin, die Belastungspresse nicht am Pfahlkopf, sondern am Pfahlfuß (bzw. 2 bis 3 Pfahldurchmesser überhalb des Fußes) zu plazieren. Bei der Belastung bewegt sich dann die Pfahlspitze nach unten, und der Pfahlschaft nach oben. Nebst der Bewegung des Pfahlkopfs wird auch die Bewegung der Pfahlspitze dadurch erfaßt, daß man die Stauchung des Pfahls mißt (s. Abschnitt 6.1). Man erhält dann zwei Kraftverschiebungsdiagramme, eins für die Spitzenkraft und eins für die Mantelreibungskraft. Man beachte, daß die nach oben gerichtete Bewegung des Pfahlschafts nicht der planmäßigen Belastung von Druckpfählen entspricht. Die beim Pfahlfußpreßverfahren gemessene Mantelkraft $\bar{Q}_m$ muß daher im Hinblick auf ihre Übertragung in die realistischen Verhältnisse einer nach unten gerichteten Bewegung des Pfahlschafts korrigiert werden. Für die korrigierte Kraft Q_m empfiehlt Vollenweider aufgrund von Erfahrungen und theoretischen Untersuchungen:

$$Q_m = \bar{Q}_m \text{ für lange Pfähle } (l/d \geq 20) \text{ und weichen Boden,}$$

$$Q_m = 1,5\bar{Q}_m \text{ für kurze Pfähle } (l/d < 20) \text{ und steifen Boden.}$$

6.3 Horizontale Probebelastung

Das Problem der Lastaufbringung ist hier einfacher, da zwei benachbarte Pfähle auseinander gedrückt werden können (bzw. bei größeren Achsabständen gegeneinander gezogen werden). Zusätzlich zu der Messung der Pfahlkopfkraft und der Pfahlverschiebung kann man auch die Biegelinie des Pfahls ermitteln. Dies geschieht entweder mit DMS, die im Pfahl eingebaut werden, oder mit Hilfe von Neigungsmessungen, die zu verschiedenen Zeitpunkten in einem eigens dafür vorgesehenen Hohlrohr im Pfahl durchgeführt werden. Der Bettungsmodul wird durch Anpassung der beobachteten Kraft-Verschiebungs-Kurve an die Beziehung 3.6 ermittelt.

7 Dynamische Pfahlprüfung

Der Gedanke, daß die Pfahltragfähigkeit mit dem Rammfortschritt (d.h. mit der Frage, ob sich ein Pfahl leicht oder schwer einrammen läßt) korreliert ist, drängt sich immer wieder auf und hat sich in zahlreichen *Rammformeln* niedergeschlagen, die aber unbefriedigend sind, da sie nicht genau genug auf die Mechanik des Vorgangs eingehen. Im Gegensatz zu den Rammformeln, die auf Energiebilanzierungen beruhen, betrachten die moderneren dynamischen Pfahlprüfmethoden (*dynamic pile testing – DPT*) den Vorgang als Wellenausbreitungsproblem. In der praktischen Durchführung wird der Pfahl stoßartig belastet, und die Geschwindigkeits- und Dehnungszustände werden als Funktionen der Zeit aufgezeichnet. Die Auswertung dieser Signale nach dem sog. CASE bzw. CAPWAP-Verfahren soll dann Aufschluß über die Tragfähigkeit des Pfahls geben.

Der wesentliche Vorteil der dynamischen Verfahren ist der Verzicht auf die Totlast bzw. auf das verankerte Widerlager. Die Belastung wird durch Fallgewichte von bis zu 20 t oder durch pneumatische Hammer aufgebracht. Letztere sind Prallmassen die vermittels Druckluft und einer Sollbruchstelle auf den Pfahlkopf geschleudert werden.

7.1 Rammformeln

Die denkbar einfachste Rammformel entsteht aus der Gleichsetzung der kinetischen Energie des Rammbären (mit der Masse m_A und der Aufprallgeschwingigkeit V) $\frac{1}{2}m_A V^2$ (bzw. $m_A g h$) und der Arbeit, die geleistet werden muß, damit der Pfahl infolge eines Rammschlages um die Länge s in den Boden eindringt. Letzere beträgt Qs, sofern man den Bodenwiderstand Q als ideal-plastisch annimmt (d.h. es wird angenommen, daß er sofort mobilisiert wird und nicht erst mit wachsender Verschiebung wie etwa bei einer elastischen Feder zunimmt).

Aus

$$m_A g h = Q s \tag{7.1}$$

folgt also

$$Q = \frac{m_A g h}{s} \quad . \tag{7.2}$$

Obige Formel, die Q durch die meßbaren Größen m_A, h, s beschreibt, kann durch folgende Korrekturen verbessert werden:

Die Energie des Rammbären wird dadurch reduziert, daß er nicht vollkommen frei fällt, sondern z.B. am Mäkler reibt bzw. die Windentrommel zieht. Daher wird $m_A g h$ durch $\eta m_A g h$ ersetzt. η beträgt ca. $0,7$, wenn die Windentrommel mitgezogen wird. Für Dampfhammer ist $\eta \approx 0,9$.

Ein Teil der Energie des Rammbären wird aufgebracht, um den Pfahl elastisch (d.h. reversibel) um den Betrag s_0 zusammenzudrücken. Dieser Energieanteil beträgt

$$E_e = \frac{1}{2}Qs_0 \quad , \tag{7.3}$$

also bei überwiegendem Spitzenwiderstand

$$E_e = \frac{1}{2}\frac{l}{AE}Q^2 \quad . \tag{7.4}$$

Man hat also:

$$\eta m_A gh = Qs + \frac{1}{2}Qs_0 \tag{7.5}$$

bzw.

$$\eta m_A gh = Qs + \frac{1}{2}\frac{l}{AE}Q^2 \quad . \tag{7.6}$$

Aus (7.5) bekommt man die sog. Dänische Rammformel:

$$Q = \frac{\eta m_A gh}{s + \frac{1}{2}s_0} \quad . \tag{7.7}$$

Aus (7.6) bekommt man die Rammformel Weisbachs:

$$Q = \frac{2\eta m_A gh}{s + \sqrt{s^2 + 2\eta m_A ghl/(AE)}} \quad . \tag{7.8}$$

s soll als Mittelwert einer Serie von zehn Schlägen bestimmt werden. Rammformeln können brauchbare Ergebnisse liefern, sofern die Pfahlspitze in Sand ist. Sie sollten jedoch nicht verwendet werden, wenn die Pfahlspitze im Ton liegt.

7.2 CASE-Verfahren

Das CASE-Verfahren dient zur Bestimmung der Pfahltragfähigkeit Q, die sich aus Spitzenwiderstand Q_s und Mantelwiderstand Q_m zusammensetzt ($Q = Q_s + Q_m$). Die ihm zugrundeliegende Theorie setzt voraus, daß die Mantelreibung durch diskrete Widerstände dargestellt werden kann. Darüber hinaus wird vorausgesetzt, daß während des gesamten Betrachtungszeitraums überall im Pfahl die Mantelreibung nach oben wirkt. Der Einfachheit halber wird nachfolgend nur ein diskreter Widerstand an der Stelle $x = x_i$ betrachtet. Nachfolgend werden folgende Begriffe benutzt, die im Anhang erläutert sind:

c = Wellengeschwindigkeit,

F_φ = Kraft[1], die sich mit der Wellengeschwindigkeit c nach unten ausbreitet,

---

[1] Eigentlich breitet sich ein Dehnungszustand und somit auch ein Spannungszustand aus. Eine Kraft ergibt sich dann aus dem Produkt Spannung $\times$ Querschnittsfläche.

F_ψ = Kraft, die sich mit der Wellengeschwindigkeit c nach oben ausbreitet,

Z = Impedanz = (AE/c), mit A = Querschnittsfläche und E = Elastizitätsmodul des Pfahls,

l = Pfahllänge.

Der zur Zeit t mobilisierte Widerstand Q_s ist gleichzusetzen mit $F_\varphi(t) + F_\psi(t)$. Die Welle F_φ befand sich zur Zeit $t - l/c$ am Pfahlkopf und konnte dort registriert werden. Allerdings war sie dort um den Betrag $Q_m/2$ größer. Die reflektierte Welle F_ψ wird zur Zeit $t + l/c$ am Pfahlkopf ankommen, wo sie ebenfalls registriert wird (siehe Bild 7.1). Allerdings wird sie dann um den Betrag $Q_m/2$ zugenommen haben (siehe Gleichungen A.63 und A.64). Man kann also schreiben:

$$Q_s(t) = F_\varphi(t - l/c) - Q_m/2 + F_\psi(t + l/c) - Q_m/2$$

bzw.

$$Q(t) = Q_s(t) + Q_m = F_\varphi(t - l/c) + F_\psi(t + l/c) \quad . \tag{7.9}$$

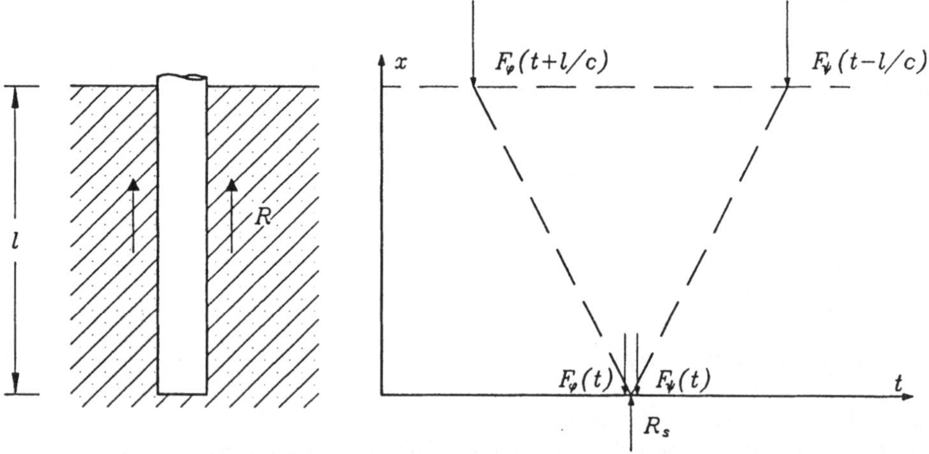

Bild 7.1. Prinzipskizze zum CASE-Verfahren

Man muß also zum Zeitpunkt $t - l/c$ die nach unten wandernde Kraft F_φ und zum Zeitpunkt $t + l/c$ die nach oben wandernde Kraft F_ψ messen. Messen läßt sich aber (etwa mit Dehnungsmeßstreifen) nur die Gesamtkraft $F = F_\varphi + F_\psi$. Die Aufspaltung in F_φ und F_ψ gelingt erst, wenn man nebst der Kraft F auch noch die Geschwindigkeit v am Pfahlkopf mißt. Unter Heranziehung von (A.31) läßt sich nämlich dann folgern:

$$F_\varphi = \frac{1}{2}(F + Zv) \quad , \tag{7.10}$$

$$F_\psi = \frac{1}{2}(F - Zv) \quad . \tag{7.11}$$

Man hat also schließlich:

$$Q(t) = \frac{1}{2}\left[F(t - l/c) + Zv(t - l/c) + F(t + l/c) - Zv(t + l/c)\right] \quad . \qquad (7.12)$$

Die so bestimmte Pfahlkraft entspricht einer schnellen Belastung. Sie ist also im Vergleich zur späteren statischen Belastung um Anteile überhöht, die sowohl aus der Viskosität als auch aus der Trägheit des Bodens herrühren. Letztere sind mit der Tatsache verknüpft, daß durch den Aufprall in den Boden Wellen eingeleitet werden. Der damit verknüpfte Energieverlust wird als *Abstrahldämpfung* bezeichnet. Die Bereinigung dieser Terme erfolgt auf pauschale Weise durch die Aufspaltung:

$$Q_s \equiv Q_{dyn} = Q_{stat} + Q_{dämpf} \quad . \qquad (7.13)$$

Um den statischen Spitzenwiderstand zu erhalten, muß man also Q_{dyn} um den viskosen Widerstand bereinigen. Letzterer wird wie folgt angesetzt:

$$Q_{dämpf} = j_c Z v_s \quad , \qquad (7.14)$$

v_s ist die Geschwindigkeit der Pfahlspitze, und j_c ist der sog. CASE-Dämpfungsfaktor, der aus Erfahrung zu bestimmen ist (vgl. Tabelle 7.1).

Tabelle 7.1. CASE-Dämpfungsfaktoren j_c für verschiedene Bodenarten

Boden	j_c
Sand	0,05–0,20
Sand und Schluff	0,15–0,30
Schluff	0,20–0,45
Schluff und Ton	0,40–0,70
Ton	0,60–1,10

Die Geschwindigkeit v_s läßt sich aus ähnlichen Überlegungen durch Messungen am Pfahlkopf ermitteln (ohne Herleitung) zu:

$$v_s(t) = v(t) + \frac{1}{Z}\left[F(t) - Q_s(t)\right] \quad . \qquad (7.15)$$

Somit ist

$$Q_{stat}(t) = Q(t) - j_c Z \left[v(t) + \frac{1}{Z}\left(F(t) - Q(t)\right)\right] \quad . \qquad (7.16)$$

In der Praxis bestimmt man Q_{stat} zu mehreren Zeiten t_i und nimmt den maximalen Wert als die maßgebende Pfahltragfähigkeit. Die Auswertung kann auch automatisch von einem als *pile drive analyzer* bezeichneten Gerät vorgenommen werden.

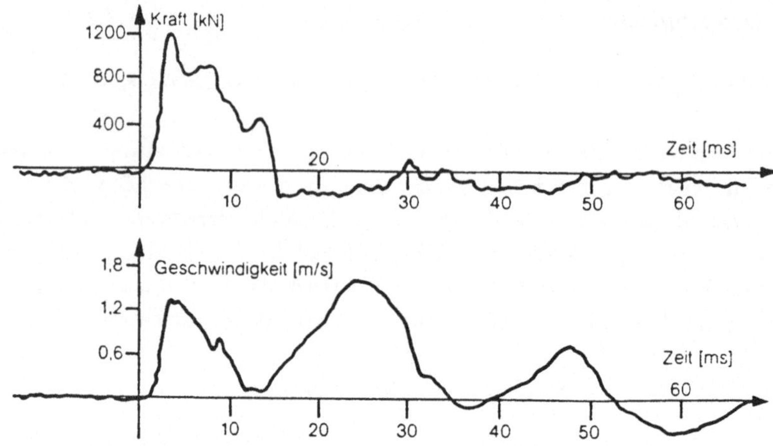

Bild 7.2. $F(t)$ und $v(t)$-Diagramme bei einer Pfahlprobebelastung (aus Firmenprospekt der Fa. Bauer Schrobenhausen)

Die Messung der Kraft erfolgt mit Dehnungsmeßstreifen, die Geschwindigkeit wird mit piezoelektrischen Beschleunigungsaufnehmern und Integration des Signals bestimmt. Die Wellengeschwindigkeiten c liegen für Beton bei 4000 m/s und für Stahl bei 5100 m/s. Zur Anwendung der o.g. Formeln ist eine bleibende Eindringung der Pfahlspitze von mehreren mm pro Stoß erforderlich. Bild 7.2 zeigt die bei einer dynamischen Pfahlprüfung aufgezeichneten Kurven.

7.3 CAPWAP-Verfahren

Der kontinuierliche elastische Pfahl wird zwecks einer numerischen Behandlung des Problems durch diskrete Federn und Massen ersetzt. Die Bettung am Mantel und an der Spitze wird durch Funktionsansätze modelliert, die zunächst freie Koeffizienten enthalten. Die bei einer Stoßbelastung aufgezeichneten Kurven $F(t)$ und $v(t)$ können wahlweise als input bzw. output des Systems betrachtet werden. Mit dem *CA*se *P*ile *W*ave *A*nalysis *P*rogram kann aus dem input ein numerischer output berechnet werden. Man variiert nun die freien Konstanten solange, bis die Abweichung zwischen numerischem und gemessenem output möglichst klein wird. Die Eindeutigkeit der Lösung kann allerdings nicht mathematisch nachgewiesen werden.

7.4 Ein weiteres Verfahren

Nach einem vom Verfasser entwickelten Verfahren [7.1] kann die Pfahltraglast Q aus der Aufzeichnung der Geschwindigkeit am Pfahlkopf wie folgt ermittelt werden. Seien

v_1 und v_2 die beiden ersten Maxima der $v(t)$-Kurve (d.h. der Pfahlkopfgeschwindigkeit aufgezeichnet als Funktion der Zeit t). Sei ferner Z die Impedanz des Pfahlquerschnitts. Dann gilt näherungsweise

$$Q \approx Z \left(v_1 - \frac{1}{2} v_2 \right) \quad . \tag{7.17}$$

Gegebenenfalls ist eine Korrektur nach Gleichung 6.2 zur Berücksichtigung der Viskosität des Bodens vorzunehmen: Wenn bei der statischen Probebelastung die Grenzlast mit einer Einsinkgeschwindigkeit v_0 verknüpft ist (etwa $v_0 \approx 1$ mm/h), so läßt sie sich wie folgt abschätzen:

$$Q \approx Z \left(v_1 - \frac{1}{2} v_2 \right) \left(1 - I_v \ln \frac{v_1}{v_0} \right) \quad . \tag{7.18}$$

7.5 Integritätsprüfung

Hat der Pfahl eine über die Tiefe konstante Impedanz, so erscheint die erste Reflexion eines relativ scharfen Eingabe-Signals wieder am Pfahlkopf nach der Zeit $2l/c$. Dabei wird die Auswirkung der Dispersion vernachlässigt. Liegt jedoch irgendwo zwischen Kopf und Spitze eine Impedanzveränderung (z.B. eine Verengung) vor, so erscheint früher am Pfahlkopf der am Impedanzwechsel reflektierte Wellenanteil. Eine Einschnürung kann somit ziemlich genau lokalisiert werden, ihre Länge jedoch kaum. Mehrere Diskontinuitäten hintereinander können nicht festgestellt werden. Die Grenzen der Interpretierbarkeit liegen z.Z. bei Tiefen von 15 bis 20 m. Im Gegensatz zur dynamischen Tragfähigkeitsbestimmung kommt die dynamische Integritätsprüfung mit einem kleinen Stoß (z.B. Schlag mit einem Hammer von Hand) aus.

Weitere Einzelheiten sind aus dem Anhang sowie aus der angegebenen Literatur zu entnehmen.

8 Rammen

Zum Eintreiben von Fertigpfählen in den Boden muß die Pfahltragfähigkeit erreicht
bzw. überschritten werden. Die dazu erforderlichen hohen Kräfte werden meist dynamisch durch Rammen bzw. Vibrieren aufgebracht. Beim Rammen prallt ein Fallgewicht (*Rammbär*) auf den Pfahlkopf auf (siehe Bild 8.1). Der Rammbär wird am
Mäkler (bzw. *Läuferrute*) geführt. Der Mäkler wiederum ist am *Rammgerüst* montiert.
Alternativ dazu kann der Rammbär auf dem Pfahlkopf aufgesetzt (*Freirammung*) und
gegen Umkippen gesichert werden.

Bild 8.1. Gerätekonfiguration beim Rammen (schematisch)

Die Rammgeräte können verschiedenartig ausgebildet und an Fahrgestellen montiert
werden. Üblicherweise werden sie als Rammeinrichtung am Universalbagger ausgebildet. Je nach der Führung des Mäklers unterscheidet man:

- Schwingmäkler (hängt frei am Hängezeugseil; nur für senkrechte Rammung).

- Hängemäkler (am Ausleger kardanisch aufgehängt und durch ausfahrbare Stre-
  ben am Bagger abgestützt).

- Drehmäkler (wie Hängemäkler beweglich, zusätzlich aber drehbar um die
  Längsachse).

8.1 Rammen über Wasser

Entweder von festen Gerüsten oder Hubinseln (*Gerüstrammung*) oder von schwimmenden Untersätzen (*Schwimmrammung*) aus. Gerüstrammung ist arbeitstechnisch vorteilhaft (stabile Lage, unabhängig von Wellen, Tide usw.), läßt sich aber nicht immer realisieren (z.B. bei Eistrieb, starken Strömungen, Kolkgefahr).

8.2 Arbeitsweise des Rammbären

Freifallbären werden mit Winden hochgezogen (dabei wird das Aufzugsseil nach dem Ausklinken vom frei fallenden Bären nachgezogen, bzw. es läuft mit einer Nachlaufkatze mit Einrastvorrichtung nach). Bei *Dampf-* bzw. *Preßluftbären* wird das im Bär befindliche Fallgewicht mit Dampf bzw. mit Preßluft hochgedrückt.

Bei den *Dieselbären* wird durch Explosionsdruck nicht nur die Hubarbeit geleistet, sondern auch die Schlagenergie erhöht. Nach diesem Prinzip arbeiten auch die *Rammhämmer (Schnellschlagbären)*, welche mit Dampf, Druckluft oder Öl (*Hydraulikbär*) arbeiten. Im Vergleich zu *Dieselhämmern* sind *Hydraulikhämmer* teurer und schwerer, dafür aber sauberer (keine Abgase), ruhiger (Schallpegel 75 bis 85 dB bei 30 m Entfernung) und haben ein breiteres Anwendungsgebiet, da sie eine variable Rammenergie haben.

Vibrationsbären werden mit Klemmbacken an das Rammgut befestigt. Sie arbeiten mit Elektro- oder Hydraulikmotoren und Unwuchtmassen. Sie sind geräuscharm, da das Schlagen entfällt. In der Tabelle 8.1 sind einige typische Schlagzahlen bzw. Frequenzen zusammengestellt.

Tabelle 8.1. Typische Schlagzahlen von Rammbären

Bär / Arbeitsweise	Schlagzahl bzw. Frequenz
Demag Brons Druckluftbär	38–42/min
Delmag Dieselbär	37–60/min
Mitsubishi Dieselhammer	42–60/min
Nippon Sharyo Hydraulikhammer	20–90/min
Krupp Hydraulik Ramme	600/min
Dr. Müller, Marburg, Vibrationsbär	1460/min (24 Hz)

8.3 Erfahrungsmäßige Anwendungsregeln

Die optimalen Werte für das Gewicht und die Fallhöhe des Rammbären richten sich nach den Eigenschaften des Pfahls und des Bodens. Es ist jedoch ratsam, diese Werte im Voraus abzuschätzen, um das richtige Rammgerät wählen zu können. Man kann sich dabei an folgenden Erfahrungswerten orientieren:

- Fallhöhe des Rammbären

  $\leq 1,50$ m bei Stahlbetonpfählen,

  $\leq 1,20$ m bei Stahlspundwänden,

  $\leq 2,50$ m bei Holzpfählen.

  Brinch Hansen [8.1] empfiehlt (mit η nach Abschnitt 7.1) folgende Fallhöhen:

  1 m/η bei Stahlbetonpfählen,

  2 m/η bei Stahlpfählen,

  4 m/η bei Holzpfählen.

- Verhältnis Bärgewicht/Pfahlgewicht:

  1:1 (Freifallbären),

  1,5:1 bis 1:2,5 (Dieselbären),

  1:2 (Hydraulikbären),

  1:4 (Schnellschlagbär / Spundbohlen),

  1:2,5 (Schnellschlagbär / Stahlbetonpfähle),

  1:1,5 (Schnellschlagbär / Holzpfähle).

  Brinch Hansen empfiehlt:

  1:2 (Stahlbetonpfähle),

  1,5:1 (Stahlpfähle),

  1:1,5 (Holzpfähle).

Für die Beschädigung des Rammgutes ist nicht die Masse des Rammbären, sondern seine Geschwindigkeit V bzw. seine Fallhöhe h ($V = \sqrt{2gh}$) maßgebend, vgl. (A.13). Es wurde ferner beobachtet, daß Rammschäden stark von der kumulierten Zahl der Rammschläge abhängen. Beim Bau der Maracaibo-Brücke traten nach 1 500 Rammschlägen an Betonpfählen vereinzelt Schäden auf, nach 2 000 Schlägen traten fast immer Schäden auf. Nach Erfahrungen aus der DDR [8.2] sollten folgende Gesamtschlagzahlen bei Stahlbetonpfählen nicht überschritten werden:

  normale Rammung: 500

  schwere Rammung: 1800 .

Läßt sich ein Stahlbetonpfahl mit 1 800 Schlägen nicht auf die Soll-Tiefe rammen, so ist entweder ein ungeeignetes Rammgerät im Einsatz, oder die projektierte Pfahllänge stimmt nicht.

Die Hersteller von Rammgeräten schreiben eine Mindesteindringung je Schlag vor (etwa 2 bis 10 mm bei Diesel- und Hydraulikbären). Wird diese unterschritten (etwa infolge Antreffen eines Hindernisses), so kann das Rammgut bzw. die Ramme beschädigt werden.

Rammhauben sind zur Vermeidung der Zerstörung des Pfahlkopfes unumgänglich. Sie bestehen aus Stahlguß und sind mit Hartholz gepolstert. Letzteres sollte rechtzeitig erneuert werden, sonst sinkt die Rammleistung erheblich ab. Zusätzliche Polster aus Holzwolle u.ä. können angebracht werden. Zu Stahlprofilen werden passende Rammhauben geliefert.

8.4 Lärmentwicklung

Bei üblichen Rammarbeiten muß mit einem Lärmpegel von 100 bis 115 dB in einer Entfernung von 10 m von der Ramme gerechnet werden [8.3]. Jede Verdopplung dieser Entfernung bringt eine Verringerung des Pegels um 6 dB mit sich. *Passiver Lärmschutz* in Form von Schallschirmen, Lärmschutztürmen u.ä. bringt eine Senkung der Schallemission von 20 bis 30 dB, u.U. aber auch eine Minderung der Rammleistung mit sich.

Aktiver Lärmschutz besteht darin, die Lärmquellen zu beseitigen bzw. zu reduzieren. Abgesehen vom eigentlichen Schlagen liegen diese am Auspuff und an den Führungen des Rammgerüsts (Klappern). Durch technische Verbesserungen läßt sich der Schall um ca. 10 dB reduzieren.

8.5 Erschütterungen

Der heutige Theoriestand erlaubt nicht, die Erschütterungen in der Umgebung der Rammung zu berechnen, noch lassen sich Kriterien für die Beeinträchtigung von Menschen und Sachen in allgemeiner Form aufstellen. Erschütterungen können

- das menschliche Wohlbefinden beeinträchtigen,

- Schäden an Bauwerken direkt hervorrufen,

- zur Porendruckerhöhung in wassergesättigten Böden führen; dadurch wird der Boden weicher, und es können selbst in größeren Entfernungen Gebäudeschäden durch Setzungen auftreten. Auch in ungesättigten Böden können Sackungen eintreten.

Subjektiv wird die Gefährlichkeit von Erschütterungen in der Regel überschätzt. Oft wird als Maß der Gefährdung der über einem Zeitintervall maximale Betrag der am Fundament gemessenen Geschwindigkeit v_R herangezogen ($v_R :=$ $\max \sqrt{v_x^2 + v_y^2 + v_z^2}$). Direkte Bauschäden sind auszuschließen bei $v_R \leq 2$ mm/s. Differenziert nach Gebäudeart sind keine Bauschäden zu erwarten (DIN 4150), wenn

- $v_R \leq 8$ mm/s (Wohn- und Geschäftsbauten nach den anerkannten Regeln der Baukunst)

- $v_R \leq 30$ mm/s (gut ausgesteifte Bauten)

- $v_R \leq 4$ mm/s (unter Denkmalschutz stehende Bauten)

In letzter Zeit wurden Sackungen im weichen Ton bereits ab ca. 0,3 mm/s beobachtet. Das Abklingen einer Erschütterungsamplitude A mit wachsender Entfernung x vom Herd läßt sich nach Schultze und Muhs (nach [8.4]) durch die Beziehung

$$A_2 = A_1 \left(\frac{x_1}{x_2} \right)^{1/2} \exp \left(-\frac{kf}{c}(x_2 - x_1) \right) \tag{8.1}$$

erfassen. Dabei sind k ein Dämpfungsfaktor, f [Hz] die Frequenz der lotrechten Erregung und c [m/s] die Wellengeschwindigkeit im Boden. Richtwerte für k und c sind in Tabelle 8.2 angegeben.

Tabelle 8.2. k und c-Werte für die Formel nach Schultze und Muhs

Bodenart	k	c [m/s]
Sand	0,5–0,6	100–250
Lehm	0,2–0,4	150–200
Ton	0,1–0,4	120–700

8.6 Vibrationsrammung

Vibrationsrammung ist besonders gut bei wassergesättigtem Sand, Schluff und Kies anwendbar. Bei trockenen bindigen Böden ist sie weniger geeignet. Die Bodenkörner sollten möglichst rund sein, kantige Körner erschweren die Anwendung. Durch Vibration wird die Mantelreibung bis auf ein 1/10 des ursprünglichen Wertes herabgesetzt, so daß der Pfahl unter dem Eigengewicht und dem Gewicht des aufgesetzten Vibrationsbären in den Boden einsinkt. Die Vibration wird durch paarweise und gegensinnig drehende Unwuchten erzeugt, die von Elektro- bzw. Hydraulikmotoren angetrieben werden (siehe Bild 8.2). Der Vibrationsbär selbst wird durch hydraulische Spannvorrichtungen mit dem Rammgut verbunden und über einen Schwingungsisolator an einen Kran gehängt, er kann aber auch freireitend eingesetzt werden.

Vorteil der Vibration ist die geringe Geräuschentwicklung. Wichtige Maßzahlen bei der Vibrationsrammung sind die Drehzahl n [U/min], das statische Moment $M = Gr$ (G = Gewicht der Unwucht, r = Exzentrität der Unwucht), die Fliehkraft $F = M\omega$ (ω ist die Kreisfrequenz, ω [Hz] $= 2\pi(n/60)$), die Schwingweite S [m] $= 2s = (2M/G_{dyn})$ (mit G_{dyn} = Gewicht$_{Bär}$ + Gewicht$_{Rammgut}$) und die Beschleunigung $a = r\omega^2$. Üblicherweise liegt a zwischen 10 und $30g$. Die erforderliche Amplitude (Schwingweite) und Fliehkraft wächst mit der Rammtiefe. Die Mechanik der Vibrationsrammung ist noch nicht geklärt.

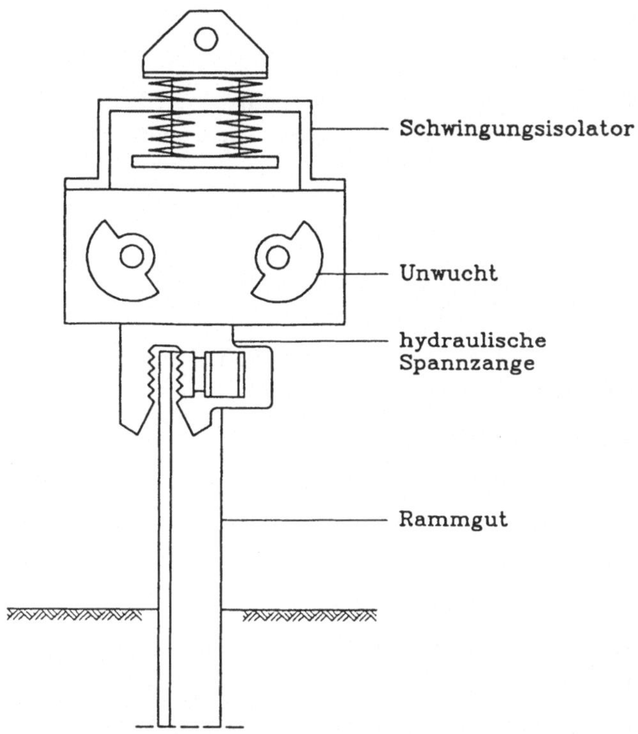

Bild 8.2. Vibrationsrammung (Prinzipskizze)

8.7 Rammung von offshore-Pfählen

Die Tragkonstruktionen von Bohrplattformen werden zunächst provisorisch auf den Meeresgrund gelegt, die Gründungspfähle werden anschließend gerammt. Die Rammung erfolgt entweder über dem Wasserspiegel oder durch Unterwasser-Hammer. Die senkrechten oder geneigten Stützen der Fachwerkkonstruktionen dienen als Mäkler. Bei Rammung überhalb des Wasserspiegels werden geführte Zwischenstücke verwendet, die die Stoßimpulse zum Pfahlkopf übertragen. Gerade bei den schwierigen offshore-Arbeiten kommt es sehr darauf an, eine an die gegebenen Verhältnisse (Pfahl und Boden) optimal angepaßte Ramme zu wählen. Unter Beachtung der theoretischen Gesetzmäßigkeiten (vgl. Anhang) und praktischer Erfahrungen versucht man, eine solche Ramme zu wählen, die den Pfahl bis zur geplanten Tiefe bzw. bis zur Erlangung seiner erforderlichen Tragfähigkeit eintreiben kann. Gelingt dies nicht, so sind aufwendige Hilfsmaßnahmen einzuleiten, wie Injektionen, Ausbohren von eventuellen Fußverstopfungen, Rammung von Innenpfählen. Es zeigt sich, daß eine ausreichende Steifigkeit des Pfahls für die Rammung sehr wichtig ist.

9 Bohren

Gebohrt wird für viele Zwecke (Erkundungsbohrungen, Erdölförderung, Ankerbohrungen u.s.w.). Hier werden nur die Bohrungen zur Pfahlherstellung betrachtet. Das Bohren umfaßt

- Lösen des Bodens,

- Fördern des Bohrguts,

- Stützung der Bohrlochwand und -sohle.

Hierzu werden Geräte und Verfahren in großer Vielfalt miteinander kombiniert, so daß eine strenge Klassifizierung nicht möglich ist.

Das Bohren erfolgt mit folgenden Methoden:

- Schlagbohren mit Bohrbagger und Greifer: in leichten bis mittelschweren Böden; bei kleineren bis mittleren Bauvorhaben. $\emptyset$ 470 bis 712 mm, l bis 12 m,

- Schlagbohren mit Baggeranbaugerät: bei erhöhten Anforderungen an Verrohrung, $\emptyset$ 570 bis 2 000 mm, l bis 40 m,

- Drehbohrverfahren: in allen Bodenarten, vorwiegend in standfesten Böden. Sehr leistungsfähig, keine Erschütterungen. $\emptyset$ 400 bis 1 500 mm, l bis 50 m,

- Endlos-Schneckenbohrung (siehe Abschnitt 1.12). Nicht anwendbar bei gleichkörnigen Böden unterhalb GW, bei sensitiven bindigen Böden und bei weichen organischen Böden mit $c_u < 20$ kN/m^2.

9.1 Trockenbohrverfahren

Ohne Spülung. Nicht anwendbar bei grobem Geröll, Steinen, Fels.

Schlagbohren (Freifallbohren): Der Boden wird durch ein Schlagwerkzeug (Meißel, Stoßbüchse, Schlaggreifer), das an einem Seil bzw. Gestänge hängt, gelöst. Abwechselnd zum Lösen erfolgt mit demselben oder mit ausgewechseltem Werkzeug (z.B. Schlammbüchse, Kiespumpe) die Förderung des Bohrschmands.

Drehbohren: Erheblich größere Leistung gegenüber dem Schlagbohren. Gedreht wird eine lange ("endlose") oder eine kurze Schnecke oder eine Schappe oder ein Bohreimer, und dadurch wird der Boden gelöst. Das Bohrgut wird mit demselben Werkzeug gefördert: Dessen Entleerung erfolgt durch Abschleudern bzw. Abstreifen der Schnecke bzw. durch Aufklappen (Klappschnecke, Klappschappe). Bei Verwendung von kurzen Schnecken bzw. Schappen wird das Drehmoment über eine torsionssteife Stange (*Schwerstange*) übertragen. Um den zeitraubenden An- und Abbau der einzelnen Stangenabschnitte zu vermeiden, werden teleskopierbare Stangen (Kelly-Stangen) verwendet. Maximale Bohrtiefe 40 bis 50 m, Bohrdurchmesser ca. 1,5 m.

9.2 Spülbohrverfahren

Das Bohrgut wird durch einen Flüssigkeitsstrom gefördert. Als Flüssigkeit wird Wasser, dem evtl. auch Tonmehl beigemischt wird, oder ein Luft-Wasser-Gemisch verwendet. Der ansteigende Spülstrom befindet sich entweder *innerhalb* (Linksspülung bzw. indirekte Spülung) oder *außerhalb* (Rechtsspülung bzw. direkte Spülung) des Hohlgestänges. Je nachdem, ob der mit Bohrklein befrachtete Wasserstrom durch eine Saugpumpe oder durch Einblasen von Luft erzeugt wird, unterscheidet man zwischen *Saugbohrverfahren* und *Lufthebebohrverfahren* (siehe Bild 9.1).

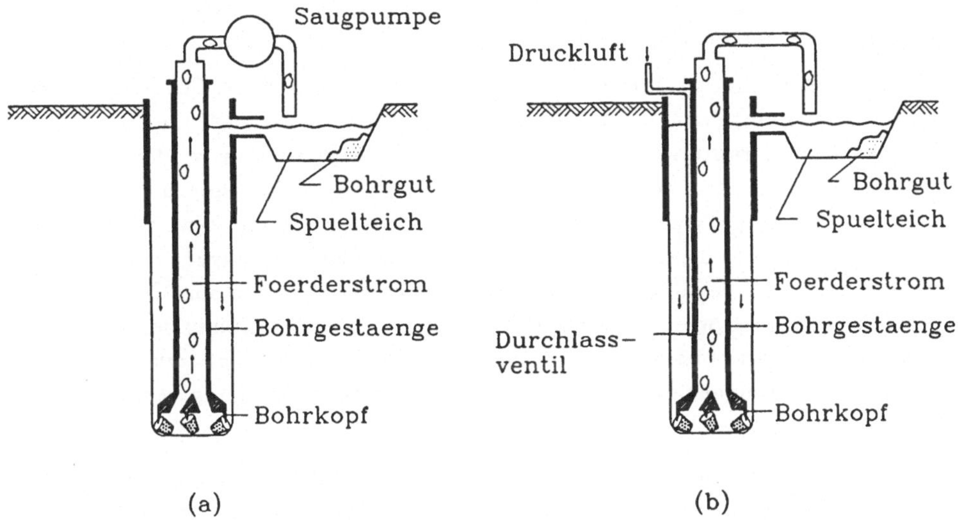

Bild 9.1. Spülbohrverfahren. (a) Saugbohrverfahren, (b) Lufthebebohrverfahren

Saugbohrverfahren: Der Unterdruck wird durch eine Kreiselpumpe erzeugt. Zum Anfahren ist eine Vakuumpumpe erforderlich. Wirschaftlich bei Bohrtiefen $\leq$ 25 bis 40 m.

Lufthebebohrverfahren: Der Förderstrom wird durch das Einblasen von Luft erzeugt (*Mammutpumpe*). Wirtschaftlich bei Bohrtiefen $>$ ca. 24 m.

In beiden Fällen wird das Gemisch aus Wasser und (bis zu 10 %) Bohrgut in einen Spülteich eingeleitet, wo sich das Bohrgut absetzt. Das geklärte Wasser fließt anschließend über einen Zulaufgraben in das Bohrloch zurück. Letzteres soll immer mit Wasser, mindestens bis zur Höhe des GW-Spiegels, gefüllt sein. Das Lösen des Bodens erfolgt durch Rollenmeißel.

9.3 Bohrhindernisse

Man versucht, herabgefallenes Bohrwerkzeug mit Fangvorrichtungen zu fassen und zu ziehen. Findlinge werden mit Preßlufthämmern gemeißelt oder durch Sprengungen beseitigt (Stoßbüchsen führen nicht zum Erfolg, da das Bohrhindernis dadurch allmählich mit Feinteilen bedeckt wird). Mißlingt die Beseitigung des Hindernisses, ist das Bohrloch aufzugeben.

9.4 Verrohren

Falls die Bohrlochwand nicht standfest ist, muß sie durch Verrohrung oder hydraulisch gestützt werden. Unverrohrte Bohrlöcher müssen im oberen Bereich durch ein Schutzrohr gesichert werden.

Zur Verrohrung werden Stahlrohre verwendet, die unten mit einem Schneidschuh versehen sind. Die einzelnen Rohrschüsse haben Längen zwischen 2 und 6 m. Beim Einbringen der Verrohrung muß die Mantelreibung überwunden werden, die zu 10 bis 50 kN/m^2 angesetzt werden kann. Dazu wird die Verrohrung nicht nur nach unten gepreßt, sondern auch hin und her gedreht, wodurch die vertikale Reibungskraft verringert wird. Dies geschieht entweder mit einer Verrohrungsmaschine, die die erforderliche Anpressung und das Torsionsmoment über den sog. *Drehtisch* aufbringt, oder mit einer pneumatischen Drehschwinge. Die Eintreibung der Verrohrung kann auch mit Vibrationsrammung erfolgen. Bei größeren Tiefen kann die Verrohrung teleskopartig eingebaut werden. Bei stärkerer Beanspruchung verwendet man verwindungssteife doppelwandige Rohre.

Wegen der Gewölbewirkung im Erdreich ist der auf die Verrohrung ausgeübte horizontale Erddruck nicht so kritisch wie ein zu hoher Wasserdruck, der sich als Folge eines innerhalb der Verrohrung zu tief abgesenkten Wasserspiegels einstellen kann.

Für die einwandfreie Pfahlherstellung ist ein hinreichendes Voreilmaß der Verrohrung erforderlich (siehe Bild 9.2). Dadurch soll eine Auflockerung des Bodens infolge Sohleintrieb vermieden werden. In festen bindigen Böden ist eine Voreilung nicht zwingend erforderlich, die Verrohrung muß jedoch dem Bohrfortschritt unmittelbar folgen. Zur Abschätzung des erforderlichen Voreilmaßes kann als haltende Kraft des Erdstoffpfropfens sein Gewicht und die Adhäsion an der Innenwand der Verrohrung angesetzt werden. Die treibende Kraft kann in Anlehnung an die Grundbruchformel mit $(\sigma'_z - 5c) \cdot \pi d^2/4$ abgeschätzt werden, σ'_z ist dabei die in der Tiefe der Verrohrungsunterkante herrschende vertikale Effektivspannung im Erdreich.

Die Verrohrung ist oft zeitraubender als der eigentliche Bohrvorgang und somit für die Bruttobohrzeit maßgebend.

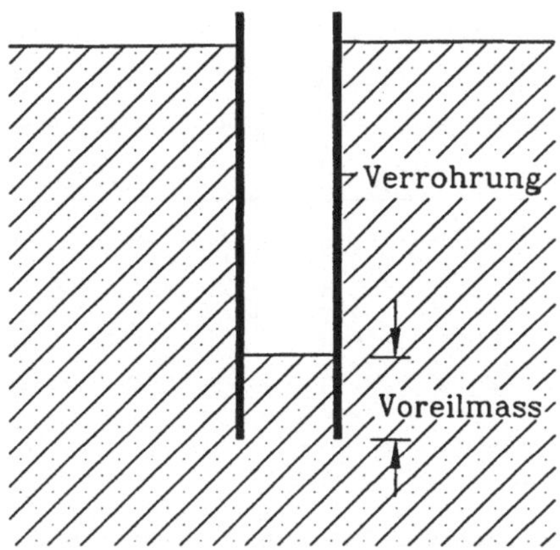

Bild 9.2. Voreilmaß beim Bohren mit Verrohrung

9.5 Hydraulische Bohrlochsicherung

Gegenüber der Verrohrung vorteilhaft wegen der großen Zeitersparnis. Der hydrostatische Druck im Bohrloch kann durch ein aufgesetztes Standrohr erhöht werden. Der Wasserspiegel im Bohrrohr soll mindestens 1 m über dem GW-Spiegel liegen. Als Stützflüssigkeit werden Wasser oder Suspensionen verwendet. Je nach Zusatzmittel (z.B. Schwerspat) soll die Wichte der Suspension bis zu 30 kN/m^3 angehoben werden können. Die Stützwirkung ist jedoch nicht hydrostatisch, sondern hydrodynamisch: Der statische Überdruck im Bohrloch erzeugt eine Sickerströmung, und die damit verknüpfte Strömungskraft stabilisiert die Bohrlochwand.

Für den im Bild 9.3 skizzierten idealisierten Fall läßt sich die an der Bohrlochwand $r = r_0$ wirkende horizontale Strömungskraft aus dem Gesetz von Darcy und der Kontinuitätsgleichung ausrechnen zu

$$ f_s = \gamma_F \frac{\Delta h}{r_0} \frac{1}{\ln \frac{r_1}{r_0}} \quad . \tag{9.1}$$

Hierbei ist γ_F die Wichte der Stützflüssigkeit. Man ersieht aus der Gleichung 9.1, daß bei $r_1 \gg r_0$ die stützende Strömungskraft sehr klein weden kann. In solchen Fälen verwendet man anstelle von Wasser eine Suspension.

Der Nutzen der Suspension besteht darin, daß infolge der Einsickerung ein Filterkuchen an der Bohrlochwand abgeschieden wird. Da der Filterkuchen relativ undurchlässig ist, baut sich der hydrostatische Überdruck hauptsächlich dort ab, so daß die Strömungskraft im wesentlichen auf den Filterkuchen wirkt. Damit fungiert der Filterkuchen als eine Membran, die den hydrostatischen Überdruck auf das Korngerüst des umgebenden Bodens überträgt.

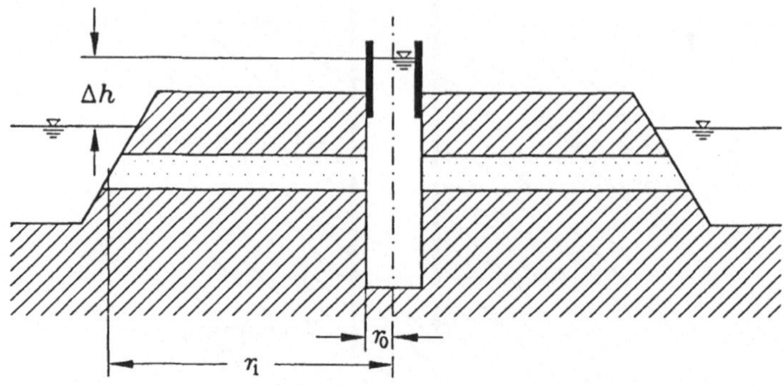

Bild 9.3. Mit Wasser gestütztes Bohrloch mit Radius r_0. Der Wasserüberstand im Bohrrohr beträgt Δh relativ zum Vorfluter. Die zu stützende wasserdurchlässige Schicht mündet in der Entfernung r_1 in den Vorfluter ein (kreiszylindrische Symmetrie). Dieses Beispiel ist eher akademisch. Im allgemeinen ist r_1 nur sehr schwer zu erfassen.

Man sollte auf jeden Fall prüfen, ob die Sickerströmung überhaupt stattfinden kann. Beispielsweise lassen sich Bohrlochwände in geschlossenen Sandlinsen, die von undurchlässigem Ton umgeben sind (siehe Bild 9.4), hydraulisch *nicht* stabilisieren [9.1]. Man beachte, daß der aufzunehmende Erddruck nicht $K_{ah}\sigma'_z$ beträgt, sondern — infolge der Gewölbewirkung — abgemindert ist. Für kohäsionslose Böden hat Beresanzew Formeln aufgestellt [9.2]. Ein ausreichender Vorrat an Stützflüssigkeit ist für den Fall von plötzlichen Verlusten vorzuhalten.

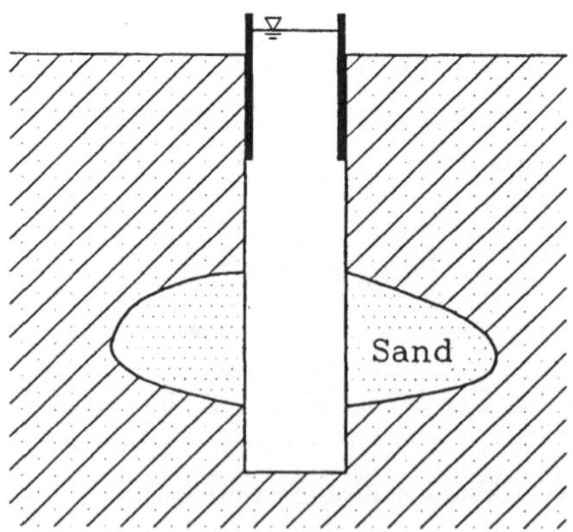

Bild 9.4. Die hydraulische Bohrlochsicherung ist bei geschlossenen Sandlinsen unwirksam

9.6 Eigenschaften und Wirkung von Tonsuspensionen

Die beim Bohren verwendeten Tonsuspensionen werden im wesentlichen aus Wasser und Na-Bentonit hergestellt. Letzterer ist ein Tonmineral (Montmorillonit) mit Korngröße $< 2\mu$ und Korndichte $\varrho_{sB} = 2,60$ bis $2,84$ g/cm^3. Kenngrößen einer Suspension sind [9.3]:

Trockentongehalt: $\qquad g_B$ in kg/m^3,

Dichte der Suspension: $\qquad \varrho_F$ in kg/m^3.

Für luftfreie Suspensionen gilt

$$\varrho_F = \frac{g_B + \varrho_w}{g_B/\varrho_{sB} + 1} \qquad (9.2)$$

mit $\varrho_w = $ Dichte des Wassers $= 1\,000$ kg/m^3.

Bodenmechanisch gesehen sind die Bentonit-Suspensionen Tone mit extrem hohen Wassergehalt. Ihre Scherfestigkeit c_u, die in diesem Zusammenhang als *Fließgrenze* τ_F bezeichnet wird, ist dementsprechend niedrig. τ_F wird mit dem *Rotationsviskosimeter* gemessen, das im Prinzip nichts anderes als eine Laborflügelsonde ist. Sofern die Scherspannungen den Wert τ_F überschreiten, verhält sich die Suspension wie eine Flüssigkeit. Sie hat somit die Eigenschaften einer sog. Bingham-Flüssigkeit. Darüber hinaus zeigt sich, daß τ_F von der Zeit t abhängt. t wird von der Beendigung des Anrührens an gemessen. τ_F wächst von einem Anfangswert dyn τ_F bei $t = 0$ asymptotisch auf einen Endwert stat τ_F, der theoretisch nach unendlich langer Zeit, praktisch jedoch nach ca. 16 h erreicht wird (siehe Bild 9.5). Diese Zeitabhängigkeit von τ_F wird *Thixotropie* genannt. Ferner hängt τ_F von der Temperatur T ab. Üblicherweise wird τ_F für die Werte $t = 1$ min und $T = 20°$ angegeben.

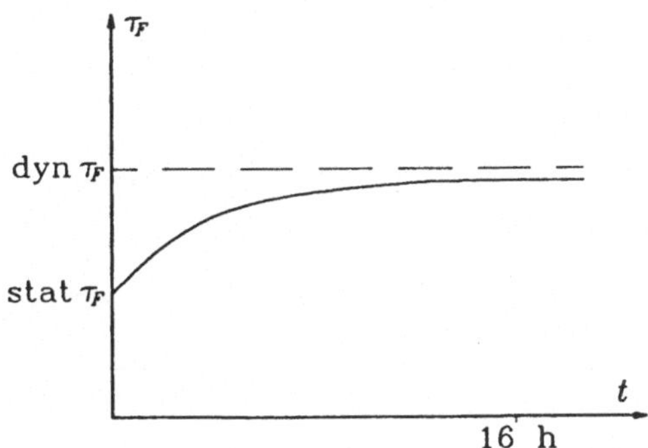

Bild 9.5. Thixotropie von Tonsuspensionen

Aufgrund ihrer Bingham-Eigenschaft kann eine Tonsuspension einerseits als Flüssigkeit gehandhabt werden, andererseits vermag sie aber nur geringfügig, in eine an-

stehende Bodenmasse einzudringen [9.4]. Es wird also der Effekt einer Dichtungs-
haut simuliert, der auf die Entstehung des Filterkuchens zurückzuführen ist. In
grobkörnigen Böden vermag die Suspension nur bis zu einer begrenzten Tiefe, der
sog. *Eindringlänge*, in den Boden einzudringen. Es entsteht dann ein sog. sekundärer
Filterkuchen, der aber genau dieselbe mechanische Wirkung hat. Bei Grobkies ist
allerdings die Eindringlänge unbegrenzt.

Die Eigenschaften einer Suspension hängen stark vom Chemismus des Anmachwassers
und somit auch des anstehenden Bodens ab. Insbesondere sind sie empfindlich gegenüber Halogeniden. In der DIN 4127 (Schlitzwandtone für stützende Flüssigkeiten)
sind eine Reihe von Definitionen und Versuchen beschrieben, die für eine ständige
Qualitätskontrolle herangezogen werden sollen.

Für weitere Einzelheiten siehe [9.5].

10 Kontrollen

Eine Pfahlgründung stellt eine für das Gelingen eines Bauvorhabens sehr wichtige, aber auch diffizile Ingenieurleistung dar. Da zudem eventuelle Mängel äußerst schwer zu beheben sind, kommt einer Qualitätssicherung durch Kontrollen erhöhte Bedeutung zu. Ihre Bedeutung wird in der Zukunft wachsen, da schon aus demographischen Gründen das qualifizierte Personal auf den Baustellen abnehmen wird.

Obwohl noch nicht generell eingeführt, ist in dieser Hinsicht ein *Kontrollplan* (vgl. SIA[1]-Weisung 260) sehr nützlich. Darin ist folgendes festzuhalten:

- Zuständigkeiten und Verantwortung (wer?),

- Gegenstand der Kontrolle (was und wo?),

- Zeitpunkt der Kontrollen (wann?),

- Vorgehen bei der Kontrolle (wie? z.B. Meßgerät, Checkliste),

- Sollwerte, Toleranzen, Bewertungsrichtlinien,

- Vorschriften für Meldung und Dokumentation,

- Vorgehen im Falle von Abweichungen von Sollwerten bzw. Toleranzgrenzen.

Hinsichtlich der Pfahlgründungen können die Kontrollen in Anlehnung an Distelmayer [10.1] zeitlich unterschieden werden:

1. Kontrollen *vor* der Pfahlherstellung:

   - Aufschlußbohrungen,

   - Sondierungen,

   - Laboruntersuchungen,

   - Eignungsprüfungen (Beton, Bentonitsuspension).

2. Kontrollen *während* der Pfahlherstellung:

   - Bodenansprache,

   - Felshorizont,

   - Überwachung des Voreilmaßes der Verrohrung und des Wasserstandes im Bohrloch,

   - Bohrberichte,

   - Rammberichte,

   - Massen- und Qualitätskontrollen (Beton),

---

[1] Schweizerischer Architekten- und Ingenieurverein

- Baustellenlabor (Bentonit),

- Bewehrung.

3. Kontrollen *nach* der Pfahlherstellung:

- Probebelastungen (statisch, dynamisch),

- Entnahme von Betonkernen,

- Integritätsprüfung,

- Setzungsmessungen.

Die Bodenansprache und die Bestimmung der Lage des Felshorizonts anhand des
Bohrguts ist schwierig, falls letzteres in aufgewühlten, durchmischten und nassem
Zustand gefördert wird. Die Lage des Felshorizonts kann daher am sichersten anhand
des Ramm- bzw. Bohrfortschritts bestimmt werden.

10.1 Bohrberichte

Sie sind über die Herstellung jedes einzelnen Pfahls zu führen. Ein entsprechender
Vordruck findet sich als Anhang zur DIN 4014 (identisch bei Teil 1 und Teil 2). Dort
sind alle zu erfassenden Größen zusammengestellt. Detailliertere Vordrucke finden
sich im Anhang der DIN 4014 E für verrohrte und für flüssigkeitsgestützte Bohrlöcher.

10.2 Rammberichte

Nach DIN 4026 müssen für alle Rammpfähle Berichte geführt werden. Mustervor-
drucke hierfür finden sich im Anhang dieser DIN. Bei einheitlichem Baugrund sind
für mindestens 5% der Pfähle ausführliche Berichte (sog. große Rammberichte), und
für alle restlichen Pfähle kleine Rammberichte zu führen. Unter anderem sind im
kleinen Rammbericht die Pfahleindringungen bei den drei letzten Hitzen (1 Hitze =
10 Schläge) einzutragen. Im großen Rammbericht sind die Eindringungen aller Hitzen
festzuhalten, und anhand dieser Daten ist die Rammkurve (Rammtiefe aufgetragen
über die kumulierte Rammarbeit) zu zeichnen.

10.3 Güteüberwachung von Tonsuspensionen

Eine sehr detaillierte Überwachung ist in der DIN 4127 vorgeschrieben.

11 Pfahlroste

11.1 Statische Berechnung

Das statische System eines Fundaments, das auf mehreren Pfählen aufgelagert ist, wird als Pfahlrost bezeichnet. In Zusammenhang damit ist folgendes statisches Problem zu lösen: Gegeben sei die auf das Fundament einwirkende resultierende Bauwerkslast (einschließlich Fundamenteigengewicht). Wie groß sind dann die einzelnen Pfahlkräfte? Das Problem läßt sich unter Heranziehung mehr oder weniger starker Vereinfachungen näherungsweise lösen.

Das Culmann-Verfahren stellt eine grobe Näherung dar, die bei hohen Pfahlrosten (d.h. wenn die Pfähle aus dem Boden herausragen) und großen Horizontalkräften anwendbar ist. Es setzt voraus, daß ein ebenes Problem vorliegt und daß die Pfähle in drei verschiedenen Richtungen angeordnet sind. Die Pfähle jeder Richtung werden fiktiv durch einen resultierenden Pfahl ersetzt. Die Kräfte der drei resultierenden Pfähle können dann leicht (etwa nach dem Culmann-Verfahren für statisch bestimmte Systeme) bestimmt werden.

Ein weit verbreitetes Näherungsverfahren besteht darin, die Pfähle als gelenkig gelagerte elastische Stützen und die Pfahlkopfplatte als starr zu betrachten. Das so definierte statische Problem ist besonders einfach, wenn die sich so ergebende Lagerung der Pfahlkopfplatte statisch bestimmt ist. Ist die Lagerung statisch unbestimmt (sie darf nicht kinematisch sein), so müssen die Verformungen der Pfähle berücksichtigt werden. Bei den einfacheren Verfahren wird die seitliche Bettung der Pfähle außer acht gelassen. Für diesen Fall sind verschiedene Verfahren vorgeschlagen worden, die zum selben Ergebnis, jedoch auf verschiedenem Wege führen. Ältere Verfahren (z.B. von Nøkkentved) eignen sich besser zur Handrechnung. Hier wird ein übersichtlicheres Berechnungsschema dargestellt, das sich ohne weiteres programmieren läßt:

Die unteren Pfahlenden sind gelenkig, aber (per Annahme) unverschieblich gelagert. Das obere Pfahlende ist ebenfalls gelenkig gelagert, aber es kann sich mit der Kopfplatte verschieben. Die Verlängerung Δl_i des Pfahls Nr. i ist mit der Pfahlkraft Q_i über das Elastizitätsgesetz verknüpft:

$$Q_i = -c_i \Delta l_i \quad , \quad \text{mit} \quad c_i := \frac{E_i A_i}{l_i} \quad . \tag{11.1}$$

E_i ist dabei der Elastizitätsmodul und A_i die Querschnittsfläche des Pfahls. Bei Verkürzung ($\Delta l_i < 0$) ist demnach die Pfahlkraft Q_i positiv. l_i ist die rechnerische Pfahllänge, die kleiner als die tatsächliche Pfahllänge ist, sofern die Pfähle auch über Mantelreibung tragen. Dies wird näherungsweise dadurch berücksichtigt, daß man die Teillängen, in denen Mantelreibung wirkt, mit 2/3 ihrer wirklichen Länge ansetzt.

Der Einheitsvektor in Richtung des i-ten Pfahls sei n_i. Die positive Orientierung von n_i weist vom Pfahlfuß zum Pfahlkopf hin. Somit wirkt auf das Fundament die vektorielle Pfahlkraft:

$$P_i = Q_i n_i \quad .\tag{11.2}$$

Ferner sei R die (aus Bauwerkslasten und Eigengewicht) resultierende Belastung auf das Fundament (siehe Bild 11.1).

Die Angriffspunkte der auf das Fundament wirkenden Pfahlkräfte können durch die Ortsvektoren r_i angegeben werden. Der Angriffspunkt von R ist r_R. Somit kann das Kräftegleichgewicht durch die Gleichung

$$\sum P_i + R = 0 \tag{11.3}$$

und das Momentengleichgewicht durch die Gleichung

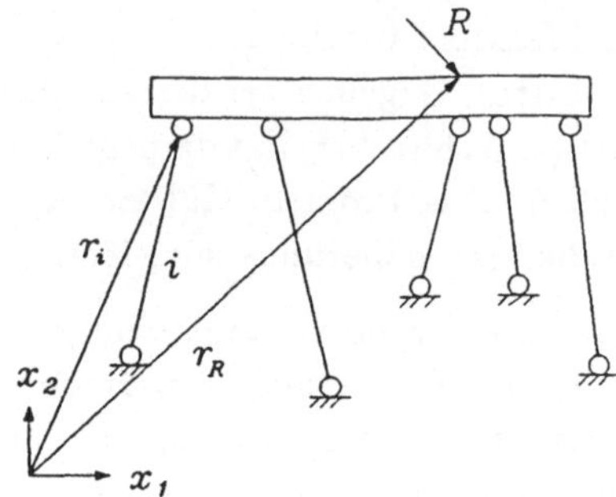

Bild 11.1. Pfahlrost (schematisch)

$$\sum (P_i \times r_i) + (R \times r_R) = 0 \tag{11.4}$$

ausgedrückt werden[1].

Unter der Einwirkung der Lasten vollführt das Fundament eine Starrkörperbewegung, die (unter der Annahme *kleiner* Drehungen) wie folgt durch den Translationsvektor s und den Rotationsvektor ω beschrieben werden kann: Die Punkte r_i werden in die Punkte r_i' überführt, wobei

$$r_i' = r_i + s + (\omega \times r_i) \tag{11.5}$$

gilt. Die Verlängerung Δl_i ergibt sich dann näherungsweise aus dem Skalarprodukt

$$\Delta l_i \approx n_i \cdot [s + (\omega \times r_i)] \quad .\tag{11.6}$$

Einsetzen von (11.6) und (11.1) in die Gleichgewichtsbedingungen (11.3) und (11.4) ergibt schließlich

$$\sum c_i \{ n_i \cdot [s + (\omega \times r_i)] \} \, n_i + R = 0 \quad ,\tag{11.7}$$

$$\sum c_i \{ n_i \cdot [s + (\omega \times r_i)] \} \, (n_i \times r_i) + (R \times r_R) = 0 \quad .\tag{11.8}$$

---

[1] Bekanntlich lautet das Vektorprodukt $a \times b$:

$$\begin{pmatrix} a_x \\ a_y \\ a_z \end{pmatrix} \times \begin{pmatrix} b_x \\ b_y \\ b_z \end{pmatrix} = \begin{pmatrix} a_y b_z - a_z b_y \\ a_z b_x - a_x b_z \\ a_x b_y - a_y b_x \end{pmatrix} \quad .$$

Das Skalarprodukt ist wie folgt definiert:

$$a \cdot b = a_x b_x + a_y b_y + a_z b_z \quad .$$

Die Gleichungen 11.7 und 11.8 entsprechen sechs skalaren linearen Gleichungen für die sechs Unbekannten (s_x, s_y, s_z), $(\omega_x, \omega_y, \omega_z)$. Es liegt also ein lineares Gleichungssystem mit sechs Unbekannten vor. Es kann numerisch gelöst werden, wodurch ω und s bestimmt werden.

Zur numerischen Behandlung muß das Gleichungssystem in die Form

$$
\begin{array}{ccccccccccccc}
a_{11}x_1 & + & a_{12}x_2 & + & a_{13}x_3 & + & a_{14}x_4 & + & a_{15}x_5 & + & a_{16}x_6 & = & b_1 \\
a_{21}x_1 & + & a_{22}x_2 & + & a_{23}x_3 & + & a_{24}x_4 & + & a_{25}x_5 & + & a_{26}x_6 & = & b_2 \\
\vdots & & \vdots & & \vdots & & \vdots & & \vdots & & \vdots & & \vdots \\
a_{61}x_1 & + & a_{62}x_2 & + & a_{63}x_3 & + & a_{64}x_4 & + & a_{65}x_5 & + & a_{66}x_6 & = & b_6
\end{array}
\tag{11.9}
$$

überführt werden. Dabei ist

$$
\begin{pmatrix} x_1 \\ x_2 \\ x_3 \\ x_4 \\ x_5 \\ x_6 \end{pmatrix}
=
\begin{pmatrix} s_x \\ s_y \\ s_z \\ \omega_x \\ \omega_y \\ \omega_z \end{pmatrix}
\quad , \quad
\begin{pmatrix} b_1 \\ b_2 \\ b_3 \\ b_4 \\ b_5 \\ b_6 \end{pmatrix}
=
\begin{pmatrix} R_x \\ R_y \\ R_z \\ -(R_y r_{R_z} - R_z r_{R_y}) \\ -(R_z r_{R_x} - R_x r_{R_z}) \\ -(R_x r_{R_y} - R_y r_{R_x}) \end{pmatrix}
\quad .
\tag{11.10}
$$

Die Koeffizienten a_{ij} können unter Berücksichtigung der Gleichung

$$
n_i \cdot (\omega \times r_i) = \omega \cdot (r_i \times n_i)
\tag{11.11}
$$

und der Abkürzung $d_i := r_i \times n_i$ wie folgt bestimmt werden (die Summation erstreckt sich jeweils über alle Pfähle):

$$
\begin{array}{llll}
a_{11} = \sum c_i n_{ix} n_{ix} & , & a_{12} = \sum c_i n_{iy} n_{ix} & , & a_{13} = \sum c_i n_{iz} n_{ix} & , \\
a_{14} = \sum c_i d_{ix} n_{ix} & , & a_{15} = \sum c_i d_{iy} n_{ix} & , & a_{16} = \sum c_i d_{iz} n_{ix} & , \\[4pt]
a_{21} = a_{12} & , & a_{22} = \sum c_i n_{iy} n_{iy} & , & a_{23} = \sum c_i n_{iz} n_{iy} & , \\
a_{24} = \sum c_i d_{ix} n_{iy} & , & a_{25} = \sum c_i d_{iy} n_{iy} & , & a_{26} = \sum c_i d_{iz} n_{iy} & , \\[4pt]
a_{31} = a_{13} & , & a_{32} = a_{23} & , & a_{33} = \sum c_i n_{iz} n_{iz} & , \\
a_{34} = \sum c_i d_{ix} n_{iz} & , & a_{35} = \sum c_i d_{iy} n_{iz} & , & a_{36} = \sum c_i d_{iz} n_{iz} & , \\[4pt]
a_{41} = a_{14} & , & a_{42} = a_{24} & , & a_{43} = a_{34} & , \\
a_{44} = \sum c_i d_{ix} d_{ix} & , & a_{45} = \sum c_i d_{iy} d_{ix} & , & a_{46} = \sum c_i d_{iz} d_{ix} & , \\[4pt]
a_{51} = a_{15} & , & a_{52} = a_{25} & , & a_{53} = a_{35} & , \\
a_{54} = a_{45} & , & a_{55} = \sum c_i d_{iy} d_{iy} & , & a_{56} = \sum c_i d_{iz} d_{iy} & , \\[4pt]
a_{61} = a_{16} & , & a_{62} = a_{26} & , & a_{63} = a_{36} & , \\
a_{64} = a_{46} & , & a_{65} = a_{56} & , & a_{66} = \sum c_i d_{iz} d_{iz} & .
\end{array}
\tag{11.12}
$$

Anschließend können die Pfahlkräfte Q_i durch Einsetzen der erhaltenen Lösung s und ω in (11.6) und (11.1) berechnet werden.

Pfahlroste sollen so entworfen werden, daß die Hauptlasten durch Normalkräfte in den Pfählen aufgenommen werden. Zusatzlasten hingegen können oft durch Querbelastung der Pfähle aufgenommen werden. Eine gewisse Schrägstellung der äußeren

Pfähle ist konstruktiv auch dann zweckmäßig, wenn rechnerisch nur lotrechte Lasten auftreten.

Diskussion:

Die Annahme eines linearen Kraft-Verschiebungsgesetzes nach Gleichung 11.1 ist sehr restriktiv und bedeutet, daß — strenggenommen — das Verfahren nur anwendbar ist, falls die Pfähle eine weiche Schicht durchörtern und auf der Oberfläche eines harten Felsens aufliegen. Für alle anderen Fälle macht die elastische Stauchung des Pfahls nur einen Bruchteil der Pfahlkopfverschiebung (vgl. Beispiel im Abschnitt 2.1) aus, und das Kraft-Verschiebungsgesetz ist deutlich nichtlinear (vgl. Gleichung 6.1). Ist letzteres aus Probebelastungen in etwa bekannt, so kann die Nichtlinearität durch eine schrittweise Berechnung berücksichtigt werden: Die Belastung R wird in kleinen Portionen rechnerisch aufgebracht. Bei jedem Schritt wird das nichtlineare Kraft-Verschiebungsgesetz dadurch linearisiert, daß man die Kurve durch ihre Tangente an der aktuellen Stelle (bzw. durch eine Sekante) ersetzt. Ein anderes Berechnungsverfahren zur Berücksichtigung der nichtlinearen Kraft-Verschiebungs-Beziehung wird im nachfolgenden Beispiel dargestellt.

Die Annahme einer *starren* Kopfplatte ist nur berechtigt, wenn sie erheblich steifer als die Pfähle ist. Dies ist dann der Fall, wenn

$$\frac{EI}{ca^3} > \text{ca. } 10 \tag{11.13}$$

gilt [11.1]. Dabei ist EI die Biegesteifigkeit der Platte (entsprechend einer Plattenbreite, die einer Pfahlreihe entspricht), c die elastische Steifigkeit eines Pfahls nach Gleichung 11.1 und a der maximale Abstand zwischen zwei benachbarten Pfahlköpfen. Man beachte ferner, daß die heute üblichen Pfahlkopfanschlüsse die Annahme eines gelenkigen Anschlusses nicht immer als berechtigt erscheinen lassen. Die Elastizität (bzw. Plastizität) der Kopfplatte und der Anschlüsse kann aber nur mit aufwendigeren Rechenverfahren [11.1], z.B. mit finiten Elementen, berücksichtigt werden.

BEISPIEL: Die hier besprochene Problematik soll anhand des Pfahlbocks nach Bild 11.2 erläutert werden. Die gezeichnete Stützwand dient zugleich als Widerlager für eine Eisenbahnbrücke. Die gesamte von den Pählen aufzunehmende Last (resultierend aus Eigengewicht Wand und Brücke, Verkehrslast, Erddruck und Bremskraft) beträgt

Horizontallast   710 kN ,

Vertikallast   2 390 kN .

LÖSUNG: Alle Positionsangaben beziehen sich auf das im Bild 11.2 angegebene Koordinatensystem. Es werden nur 2 Dimensionen betrachtet, wodurch sich die Anzahl

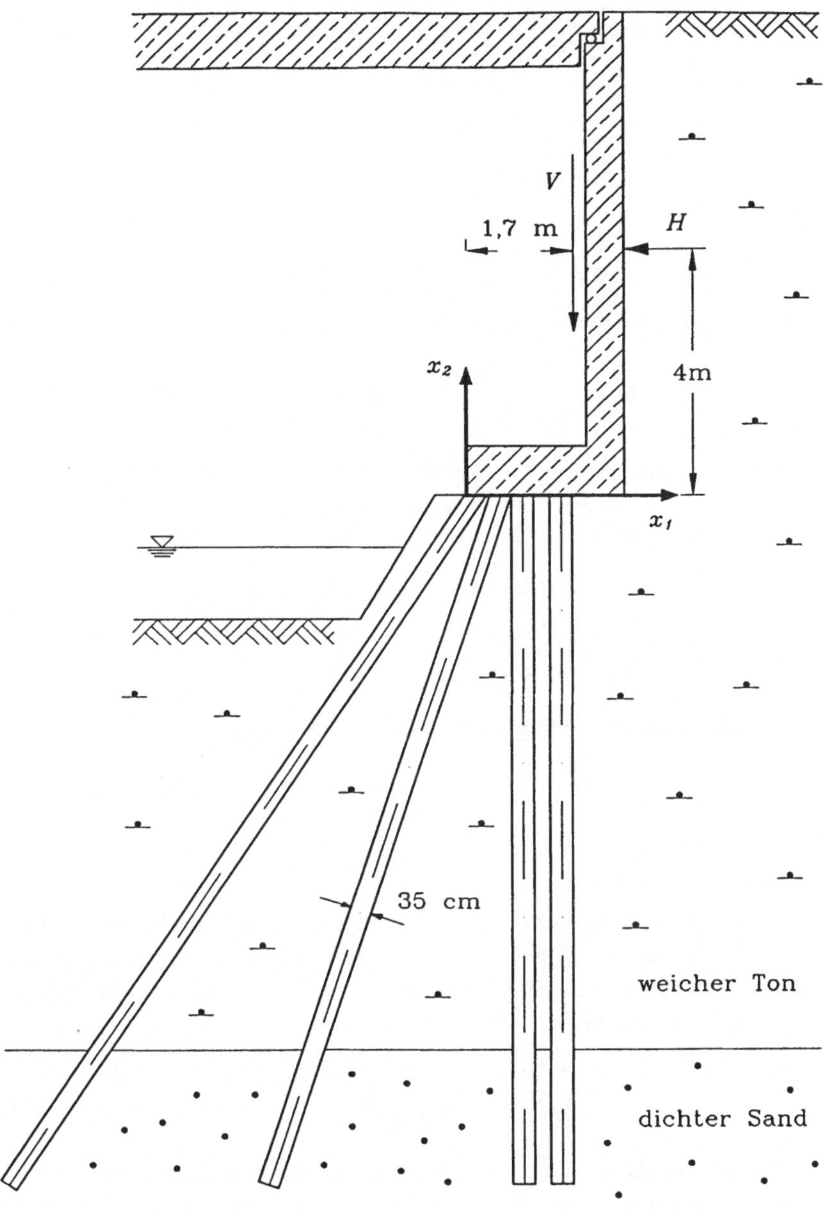

Bild 11.2. Pfahlbock

der Unbekannten auf 3 reduziert. Der Angriffspunkt der Last $\{H, V\}$ liegt bei

$$x_{1R} = 1,7 \quad ,$$
$$x_{2R} = 4,0 \quad .$$

Die Pfahlköpfe haben die Ortsvektoren

$$\mathbf{r}_1 = \begin{pmatrix} 0,15 \\ 0 \end{pmatrix} \quad ; \quad \mathbf{r}_2 = \begin{pmatrix} 0,55 \\ 0 \end{pmatrix} \quad ; \quad \mathbf{r}_3 = \begin{pmatrix} 0,90 \\ 0 \end{pmatrix} \quad ; \quad \mathbf{r}_4 = \begin{pmatrix} 1,50 \\ 0 \end{pmatrix} \quad ,$$

und die Einheitsvektoren in Richtung der Pfähle lauten:

$$\mathbf{n}_1 = \frac{1}{\sqrt{5}} \begin{pmatrix} 1 \\ 2 \end{pmatrix} \quad ; \quad \mathbf{n}_2 = \frac{1}{\sqrt{10}} \begin{pmatrix} 1 \\ 3 \end{pmatrix} \quad ; \quad \mathbf{n}_3 = \begin{pmatrix} 0 \\ 1 \end{pmatrix} \quad ; \quad \mathbf{n}_4 = \begin{pmatrix} 0 \\ 1 \end{pmatrix} \quad .$$

Die Unbekannten sind s_x, s_y und ω_z. Gewählt werden vier hintereinanderliegende Pfahlreihen, und es wird angenommen (bei Vernachlässigung der Gruppenwirkung), daß auf jede Pfahlreihe 1/4 der o.g. Last entfällt. Somit erhält man:

$$
\begin{aligned}
b_1 &= R_x = -H/4 & &= -177,50 \ [\text{kN}] \\
b_2 &= R_y = -V/4 & &= -597,50 \ [\text{kN}] \\
b_6 &= -(R_x r_{Ry} - R_y r_{Rx}) & &= -305,75 \ [\text{kNm}]
\end{aligned}
$$

Der Einfachheit halber wird nachfolgend mit den Zahlen 1,2,3 nummeriert:

$$
\begin{aligned}
x_1 &= s_x & ; \quad b_1 &= -177,50 \ [\text{kN}] \\
x_2 &= s_y & ; \quad b_2 &= -597,50 \ [\text{kN}] \\
x_3 &= \omega_z & ; \quad b_3 &= -305,75 \ [\text{kNm}]
\end{aligned}
$$

Ferner wird eine *nichtlineare* Beziehung zwischen der jeweiligen Pfahlkraft Q und der Pfahlkopfverschiebung s zugrundegelegt. Diese möge aus einer Pfahlprobebelastung herrühren. Ohne Beschränkung der Allgemeinheit wird hier folgende spezielle Form für diese Beziehung angenommen:

$$Q = Q(s) = Q_g \left(\frac{s}{s_g} \right)^{0,5} \quad . \tag{11.14}$$

Die Pfähle mögen Bohrpfähle ⌀ 35 cm sein, die an der Kopfplatte gelenkig angeschlossen sind. Ihre Grenzlast sei $Q_g = 500$ kN, die Grenzsetzung $s_g \approx d/10 = 3,5$ cm.

Das hier dargestellte Iterationsverfahren erlaubt nun, die nichtlineare Q-s-Beziehung zu berücksichtigen: In einem ersten Berechnungsschritt erhalten alle Pfahlsteifigkeiten den eher willkürlichen Wert

$$c_1^{(1)} = c_2^{(1)} = c_3^{(1)} = c_4^{(1)} = \frac{Q_g}{s_g} = \frac{500 \ \text{kN}}{0,035 \ \text{m}} = 14285,7 \ \frac{\text{kN}}{\text{m}} \quad .$$

Man bildet hiermit die Matrix

$$
\begin{aligned}
a_{11} &= \sum c_i^{(1)} n_{ix} n_{ix} &&= 4\,286 \\
a_{12} &= \sum c_i^{(1)} n_{iy} n_{ix} &&= 10\,000 \\
a_{13} &= \sum c_i^{(1)} d_i n_{ix} &&= 3\,214 \\
a_{22} &= \sum c_i^{(1)} n_{iy} n_{iy} &&= 52\,857 \\
a_{23} &= \sum c_i^{(1)} d_i n_{iy} &&= 43\,071 \\
a_{33} &= \sum c_i^{(1)} d_i d_i &&= 47\,861
\end{aligned}
$$

und löst das Gleichungssystem

$$
\begin{aligned}
a_{11}x_1 + a_{12}x_2 + a_{13}x_3 &= b_1 \quad, \\
a_{21}x_1 + a_{22}x_2 + a_{23}x_3 &= b_2 \quad, \\
a_{31}x_1 + a_{32}x_2 + a_{33}x_3 &= b_3 \quad.
\end{aligned}
$$

Man erhält dann:

$$
\begin{aligned}
x_1 = s_x &= 1{,}14 \text{ cm} \quad, \\
x_2 = s_y &= -2{,}86 \text{ cm,} \quad, \\
x_3 = \omega_z &= 0{,}0186 \quad.
\end{aligned}
$$

Hiermit erhält man aus Gleichung 11.6 die Pfahlverlängerungen zu

$$
\begin{aligned}
\Delta l_1 &= -1{,}8 \text{ cm} \quad, \\
\Delta l_2 &= -1{,}4 \text{ cm} \quad, \\
\Delta l_3 &= -1{,}2 \text{ cm} \quad, \\
\Delta l_4 &= -0{,}07 \text{ cm} \quad.
\end{aligned}
$$

und über die Beziehung $Q_i^{(1)} = c^{(1)} \Delta l_i$ die Pfahlkräfte

$$
\begin{aligned}
Q_1^{(1)} &= 257 \text{ kN} \quad, \\
Q_2^{(1)} &= 198 \text{ kN} \quad, \\
Q_3^{(1)} &= 170 \text{ kN} \quad, \\
Q_4^{(1)} &= 10 \text{ kN} \quad.
\end{aligned}
$$

Aus Gleichung 11.10 läßt sich eine pfahlkraftabhängige *Sekantensteifigkeit* $c := Q/s$ ausrechnen:

$$
c = \frac{Q}{s} = \frac{Q_g}{s}\sqrt{\frac{s}{s_g}} = Q_g^2 \frac{s_g}{Q} \quad . \tag{11.15}
$$

Für jeden Pfahl i kann man nun in die Gleichung 11.11 die bereits gefundene Pfahlkraft $Q_i^{(1)}$ einsetzen und erhält daraus eine verbesserte Steifigkeit $c_i^{(2)}$. Man wiederholt nun die Rechnung mit den verbesserten Steifigkeiten und erhält die verbesserten

Pfahlkräfte $Q_i^{(2)}$. Diese Iteration wird solange wiederholt, bis ein weiterer Iterations-schritt keine nennenswerte Verbesserung bringt, d.h. bis

$$Q_i^{(n+1)} \approx Q_i^{(n)}$$

gilt. Man kann das Konvergenzverhalten dadurch verbessern, daß man die jeweils verbesserten Pfahlkräfte aus dem Mittelwert der beiden letzten Iterationsschritte be-stimmt:

$$Q_i^{(n+1)} = \frac{1}{2}(Q_i^{(n)} + Q_i^{(n-1)}) \quad .$$

Mit dieser Methode wurde hier nach einigen Iterationen gefunden:

$$Q_1 \approx 247 \text{ kN} \quad , \quad Q_3 \approx 169 \text{ kN} \quad ,$$
$$Q_2 \approx 213 \text{ kN} \quad , \quad Q_4 \approx \quad 7 \text{ kN} \quad .$$

Die Pfahlköpfe weisen dabei folgende Verschiebungen auf:

$$\text{Pfahl 1:} \quad \Delta x_1 = -1,1 \text{ cm} \quad ; \quad \Delta x_2 = -8,9 \text{ cm}$$
$$\text{Pfahl 2:} \quad \Delta x_1 = -1,1 \text{ cm} \quad ; \quad \Delta x_2 = -6,3 \text{ cm}$$
$$\text{Pfahl 3:} \quad \Delta x_1 = -1,1 \text{ cm} \quad ; \quad \Delta x_2 = -3,9 \text{ cm}$$
$$\text{Pfahl 4:} \quad \Delta x_1 = -1,1 \text{ cm} \quad ; \quad \Delta x_2 = \quad 0 \quad \text{cm}$$

Man beachte, daß das geschilderte Verfahren nicht anwendbar ist, wenn sich im Ver-lauf der Iteration eine negative Pfahlkraft ergibt. Für solche Lastfälle wird empfohlen, den betreffenden Pfahl als nicht vorhanden zu betrachten.

Es soll nun untersucht werden, inwiefern es berechtigt ist, die seitliche Bettung der Pfähle zu vernachlässigen. Im hier betrachteten Beispiel erfährt der Pfahl Nr. 3 an seinem oberen Ende eine Horizontalverschiebung von 1,1 cm. Ausgehend von $E = 30\,000 \text{ MN/m}^2$ (entsprechend einem B25) und $I = (\pi d^4)/64 = (\pi \cdot 0,35^4)/64$ hat er die Biegesteifigkeit $EI = 22,10 \text{ MN/m}^2$. Der Bettungsmodul des weichen Tons möge $k = 4 \text{ MN/m}^2$ betragen. Dann ist die elastische Länge

$$L = \sqrt[4]{\frac{4EI}{k}} = 2,17 \text{ m} \quad .$$

Die Länge des Pfahls Nr. 3 im weichen Ton beträgt 9,1 m. Somit ist

$$\lambda = \frac{l}{L} = \frac{9,1}{2,17} = 4,2 \quad .$$

Hiermit liefert das Diagramm im Bild 3.3 den Wert $(x_0 kL/H) = 2$. Da $\lambda > 3$ ist, spielt die Einbindung des Pfahls in der darunterliegenden Sandschicht ohnehin keine Rolle mehr, d.h. der Sand "spürt" die seitliche Belastung des Pfahls nicht. Die seitliche Steifigkeit des Pfahls beträgt also $kL/2 = 4\,340 \text{ kN/m}$. Für eine seitliche Verschiebung des Pfahlkopfs um 1,1 cm muß man also die Kraft $4\,340 \cdot 0,011 = 48 \text{ kN}$

aufbringen. Diese Kraft ist im Vergleich zu den sonst errechneten Pfahlkräften gewiß
nicht vernachlässigbar, man muß aber bedenken, daß die oben genannte seitliche
Verschiebung von 1,1 cm sich nur dann ergibt, wenn man die seitliche Bettung *nicht*
berücksichtigt. Die seitliche Bettung der 4 Pfähle kann durch einen zusätzlichen
fiktiven Horizontalpfahl mit der Steifigkeit von ca. $4 \cdot 4340$ kN/m $= 17\,360$ kN/m
berücksichtigt werden. Wegen der Gruppenwirkung wird die tatsächliche Steifigkeit
etwas geringer ausfallen, wofür hier $15\,000$ kN/m genommen werden soll. Wenn nun
die Berechnung mit 5 Pfählen durchgezogen wird, so zeigt sich, daß in diesem Fall die
horizontalen Verschiebungen der Pfahlköpfe verschwindend klein ausfallen und daß
die Pfahlkräfte mit

$$Q_1 = 244 \text{ kN} \quad , Q_3 = 172 \text{ kN} \quad ,$$
$$Q_2 = 212 \text{ kN} \quad , Q_4 = 5 \text{ kN} \quad ,$$

im Vergleich zur Nichtberücksichtigung der seitlichen Bettung kaum variieren. Deren
Vernachlässigung war also *in diesem Fall* statthaft. Es kann aber nicht ausgeschlossen
werden, daß es Fälle gibt, wo sie berücksichtigt werden muß.

11.2 Kombinierte Pfahl-Platten-Gründungen

Nach DIN 1054 §5.2.1 sind Pfahlgründungen im allgemeinen so zu bemessen, daß
die Kräfte aus dem Bauwerk allein durch die Pfähle auf den Baugrund übertragen
werden. Grund für diese Vorschrift ist die Tatsache, daß die Steifigkeiten (d.h. die
Kraft-Verschiebungs-Beziehungen) der Pfähle und der Platte im allgemeinen nur sehr
ungenau bekannt sind, so daß man kaum abschätzen kann, welchen Lastanteil die
Platte und welchen Anteil die Pfähle übernehmen. Dessen ungeachtet finden vereinzelt sog. *kombinierte Pfahl-Platten-Gründungen* Anwendung. Sommer u.a. berich-
ten von einer kombinierten Pfahl-Platten-Gründung eines Hochhauses im Frankfurter
Ton. Die Grenztraglasten der Pfähle wurden dabei voll ausgenutzt. Messungen ergaben jedoch, daß die mittragende Wirkung der Platte sich im wesentlichen auf das
Platteneigengewicht beschränkt [11.2]. Die Unsicherheit hinsichtlich der Steifigkeiten
der Pfähle und der Platte versucht man durch Vergleichsrechnungen mit mehreren
Steifigkeiten zu beschränken [11.3].

12 Bemessung von Stahlbetonpfählen

12.1 Regeln zur Bemessung von Stahlbetonpfählen

Für die Betonqualität und die Bewehrung von Stahlbetonpfählen liegen DIN-Vorschriften vor. Nachfolgend werden die Vorschriften nach DIN 4014 (August 1975) und DIN E 4014 (Februar 1987) zusammengefaßt und gegenübergestellt:

Bohrpfähle:

<table>
<tr><td align="center">DIN 4014 (August 1975)</td><td align="center">DIN E 4014 (Februar 1987)</td></tr>
</table>

Beton:

- mindestens Festigkeitsklasse B25

- Konsistenz K3

- Kornzusammensetzung der Zuschlagstoffe nahe bei Sieblinie B. Bei bewehrten Pfählen mit $\emptyset < 40$ cm: Größtkorn $\emptyset \leq 16$ mm.

- bei Unterwasserbeton: bei der ersten Füllung Zementanteil 400 kg/m^3 Beton.

- vom Beton der ersten 25 Pfähle je 3 Probewürfel entnehmen, für weitere 25 Pfähle je 3 Probewürfel entnehmen und nach 7 bzw. 28 Tagen abdrücken.

- Beton darf nicht frei in das Bohrrohr eingeschüttet werden.

- mindestens Festigkeitsklasse B25. Eine höhere Festigkeitsklasse darf rechnerisch nicht in Ansatz gebracht werden.

- Kornzusammensetzung der Zuschlagstoffe im günstigsten Bereich. Bei bewehrten Pfählen mit $\emptyset < 40$ cm: Größtkorn $\emptyset \leq 16$ mm.

- Zementgehalt mindestens 400 kg/m^3 Beton (bei Zuschlagstoffen $\emptyset \leq 16$ mm) bzw. 350 kg/m^3 Beton bei Zuschlagstoffen $\emptyset \leq 32$ mm.

Bewehrung:

- Bewehrung entbehrlich bei lotrechten Pfählen mit $\emptyset \geq 30$ cm, $l \leq 7,5$ m, falls statisch nicht erforderlich. Dann nur Anschlußbewehrung in den oberen 2 m

Längsbewehrung:

- mindestens 5 $\emptyset$ 14 mm, Abstand ≤ 20 cm. Mindestbewehrung 0,8 %. Blechhülsen dürfen nicht als Bewehrung angesetzt werden.

Querbewehrung:

- $\emptyset \geq 5$ mm (bei Pfahl$\emptyset \leq 35$ cm)
  $\emptyset \geq 6$ mm (bei Pfahl$\emptyset > 35$ cm)

- Bügelabstand bzw. Ganghöhe der Wendel zwischen 15 und 20 cm.

Betondeckung:

- mindestens 3 cm, bei betonschädlicher Umgebung mindestens 5 cm.

- Bewehrung entbehrlich bei lotrechten Pfählen mit $\emptyset \geq 50$ cm (u.U. auch bei $\emptyset < 50$ cm), falls statisch nicht erforderlich

Längsbewehrung:

- mindestens $\emptyset$ 14 mm

Querbewehrung:

- $\emptyset \geq 6$ mm.

- Bügelabstand bzw. Ganghöhe der Wendelbewehrung ≤ 25 cm

Betondeckung:

- mindestens 5 cm. Bei Bohrlöchern, die mit Tonsuspension gestützt werden: mindestens 7 cm.

Rammpfähle:

Die DIN 4026 schreibt vor:

Beton:

$$\text{Nennfestigkeit} \quad \begin{cases} \geq 25 & \text{MN/m}^2 \text{ (d.h. B 25) beim Abheben vom Fertigungsboden,} \\ \geq 35 & \text{MN/m}^2 \text{ (d.h. B 35) beim Beginn des Rammens.} \end{cases}$$

Längsbewehrung:

- Mindestbewehrungsgrad 0,8 % bei Pfahllängen > 10 m,

- bei Rechteckquerschnitt: mindestens 4ø 14 mm,

- bei Kreisquerschnitt: mindestens 5ø 14 mm.

Querbewehrung:

- ø mindestens 5 mm,

- Abstand der Bügel bzw. Ganghöhe der Wendel $\leq$ 12 cm; am Kopf und Fuß auf je 1 m Länge: Abstand bzw. Ganghöhe ca. 5 cm.

-

Betondeckung:

- mindestens 3 cm; bei betonschädlicher Umgebung mindestens 4 cm.

Aus baubetrieblichen Gesichtspunkten wird die Längsbewehrung symmetrisch (d.h. auf einem Kreis) angeordnet, obwohl dies statisch nicht immer erforderlich ist. Bei nichtsymmetrischer Bewehrung muß man nämlich besondere Maßnahmen zur richtigen Plazierung des Bewehrungskorbes treffen [12.1]. Diese Sondermaßnahmen wiegen u.U. den Wirtschaftlichkeitsvorteil einer unsymmetrischen Bewehrung wieder auf.

12.2 Biegesteifigkeit

Die Biegesteifigkeit EI von Stahlbetonquerschnitten hängt von der (zunächst noch nicht festgelegten) Bewehrung und vom Rißzustand des Betons ab. Daher muß man bei der Ermittlung der Schnittkräfte und Biegemomente mit Hilfe der Elastizitätstheorie (bzw. mit Hilfe der linearen Balkenbiegungs-Differentialgleichung) zunächst mit angenommener Biegesteifigkeit rechnen und diese iterativ verbessern. Wenn man aber berücksichtigt, daß bei der Bestimmung des maximalen Biegemomentes eines horizontal belasteten Pfahls die Biegesteifigkeit mit der 4. Wurzel eingeht ($M_{\text{max}} \sim 1/\sqrt[4]{EI}$, siehe Gleichung 3.5), so sieht man ein, daß ein Näherungswert für EI genügt. Die DIN 1045 läßt denn auch zu, daß bei der Schnittkraftermittlung sowie bei der Berechnung von Formänderungen zur Ermittlung der Knicksicherheit und der Durchbiegung mit konstanter Biegesteifigkeit und ungerissenem Zustand gerechnet wird (DIN 1045, §15.1.2, 16.2.2). Dabei sind die in der Tabelle 12.1 aufgeführten Rechenwerte für den Elastizitätsmodul des Betons zugrundezulegen, während das

Tabelle 12.1 Rechenwerte des Elastizitätsmoduls des Betons nach DIN 1045

Festigkeitsklasse	B10	B15	B25	B35	B45	B55
E [MN/m²]	22 000	26 000	30 000	34 000	37 000	39 000

Trägheitsmoment von Kreisquerschnitten bekanntlich $I = \pi d^4/64$ beträgt. Der Beitrag der Stahleinlagen zur Biegesteifigkeit darf vernachlässigt werden.

12.3 Bemessung

Im Rahmen der Bemessung müssen folgende Größen bei Vorgabe der Normalkraft N und des Biegemomentes M festgelegt werden:

- Betonfestigkeit (B25 oder höher),

- Stahlsorte,

- Bewehrung A_s [cm²] bzw. Bewehrungsgrad $\mu = 4A_s/\pi d^2$,

- Betonüberdeckung h' [cm],

- Querbewehrung.

Der Pfahldurchmesser d ist meist aus grundbaulichen Gründen vorgegeben. Die Betonfestigkeit und die Stahlsorte können hier auch als vorgegeben betrachtet werden. Die Betondeckung h' wird nach baubetrieblichen Gesichtspunkten unter Wahrung der geforderten Mindestmaße festgelegt. Für den Fall $h'/d = 0,10$, für die Stahlsorten BSt 420/500 und BSt 500/550 sowie für alle Betonfestigkeiten können die Interaktionsdiagramme von Grasser [12.2] verwendet werden. Für B25, BSt 420/500 und $h'/d = 0,10$ können auch die Diagramme von Priebe [12.3] verwendet werden.

Für den z.Z. in Deutschland hauptsächlich verwendeten Bewehrungsstahl BSt 500/550 wurden für symmetrisch bewehrte Kreisquerschnitte mit verschiedenen Überdeckungsverhältnissen h'/d Interaktionsdiagramme ausgearbeitet und in den Bildern 12.1 und 12.2 dargestellt. Angegeben sind dort in dimensionsloser Form die Gebrauchswerte für M und N (d.h., die für den jeweiligen Dehnungszustand vorgeschriebenen Sicherheitsfaktoren sind bereits berücksichtigt). Der in den Diagrammen angegebene *mechanische* Bewehrungsgrad $\bar{\mu}$ läßt sich aus dem Bewehrungsgrad μ durch die Beziehung

$$\bar{\mu} := \frac{\beta_S}{\beta_R}\mu \tag{12.1}$$

ausrechnen. β_R ist der Rechenwert der Betonfestigkeit, und β_S ist die rechnerische Streckgrenze des Stahls. Für BSt 500/550 ist $\beta_S = 500$ MN/m². β_R kann aus der Tabelle 12.2 entnommen werden. Für Anwendungen im Ausland wurden Diagramme

Tabelle 12.2 Rechenwerte β_R der Betonfestigkeit nach DIN 1045

Nennfestigkeit des Betons [MN/m²]	β_R [MN/m²]
5	3,5
10	7,0
15	10,5
25	17,5
35	23,0
45	27,0
55	30,0

für BSt 220/340 (siehe Bilder 12.3 und 12.4; $\beta_S = 220$ MN/m²) sowie für BSt 420/500 (siehe Bilder 12.5 und 12.6; $\beta_S = 420$ MN/m²) ausgearbeitet.

Die in den Bildern 12.1 bis 12.6 gezeigten Diagramme sind mit den idealisierten Spanungsdehnungs-Linien für Beton, $\sigma_b = \beta_R \, \mathrm{Min}\{2(\varepsilon/\varepsilon_0) - (\varepsilon/\varepsilon_0)^2; 1\}$, und Stahl, $\sigma_s = \pm\beta_s \, \mathrm{Min}\{(E_s/\beta_s)\varepsilon; \ 1\}$ berechnet worden, die in DIN 1045 angegeben sind. Dabei ist $\varepsilon_0 = 2\%_0$, $\varepsilon_s = 2,38\%_0$ für BSt 500/550 bzw. $\varepsilon_s = 2\%_0$ für BSt 420/500 bzw. $\varepsilon_s = 1,05\%_0$ für BSt 220/340, $E_s = 210\,000$ MN/m². Für die verschiedenen Dehnungszustände, die im Bild 13 der DIN 1045 angegeben sind, ergeben sich dann die Werte N_U und M_U im Bruchzustand aus Integrationen über den Kreisquerschnitt nach den Regeln der Festigkeitslehre. Die Gebrauchswerte ergeben sich anschließend unter Berücksichtigung der vorgeschriebenen Sicherheitsfaktoren.

12.4 Anschluß Pfahl-Pfahlkopfplatte

Hinweise dazu finden sich in [12.4, 12.5, 12.6, 12.7]. Auf Druck belastete Rammpfähle enden stumpf in der Pfahlkopfplatte, sofern ihre Bewehrung für die Aufnahme der Pfahllast nicht statisch erforderlich ist. Andernfalls muß sie freigestemmt, verlängert und nach DIN 1045 § 18.5 in der Pfahlkopfplatte verankert werden. Auch bei Bohrpfählen muß die Längsbewehrung in geeigneter Weise in der Pfahlkopfplatte verankert werden.

Die Kopfplatte sollte möglichst dick sein, damit sie als Konsole trägt. Dies bedeutet, daß man sich darin geneigte Druckstreben und horizontale Zugbänder vorstellen kann (s. Bild 12.7). Die Zugbänder sollten ausschließlich im Bereich überhalb der Pfähle verankert werden.

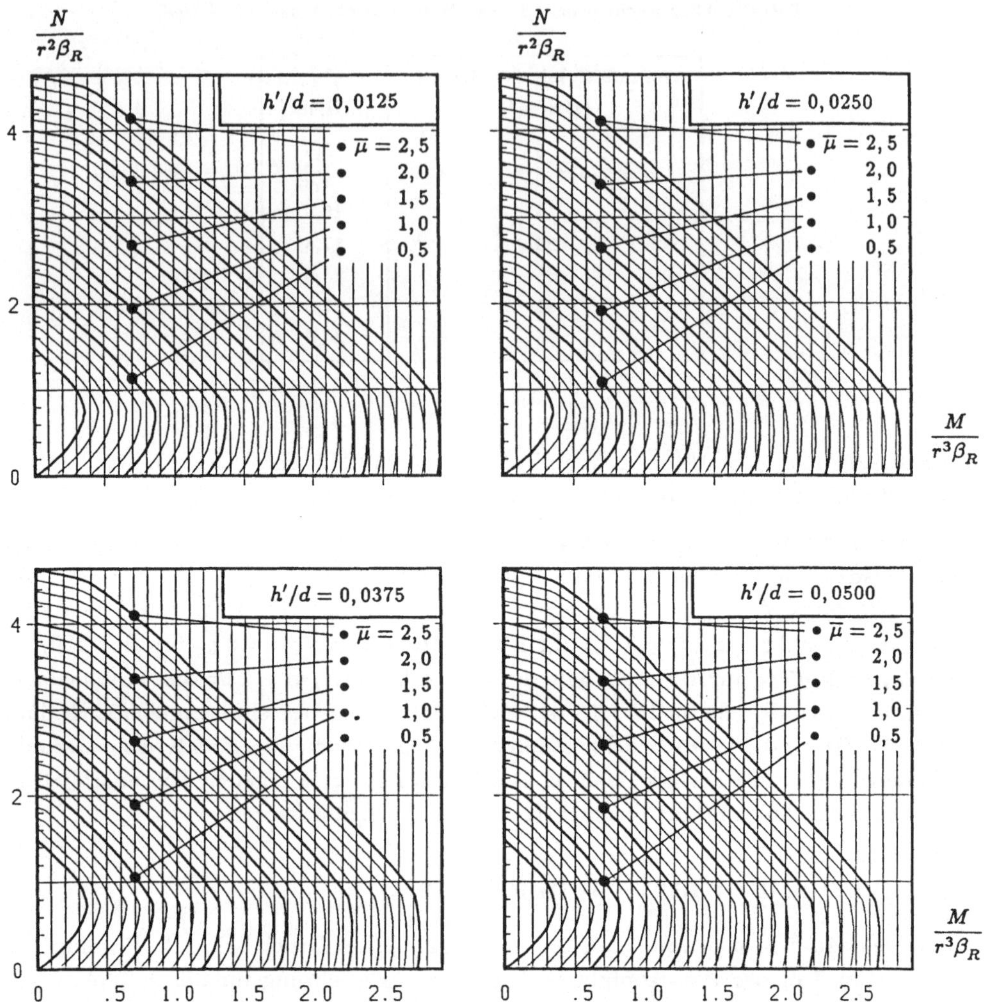

Bild 12.1: Interaktionsdiagramme für symmetrisch bewehrte Kreisquerschnitte. Gültig für **BSt 500/550** und für alle Betonfestigkeitsklassen, sowie für die Überdeckungsverhältnisse $h'/d = 0,0125$; $h'/d = 0,0250$; $h'/d = 0,0375$; $h'/d = 0,0500$. $r = d/2 =$ Pfahl- (bzw. Stützen-) radius. $\overline{\mu} =$ mechanischer Bewehrungsgrad. β_R ist der Rechenwert der Betonfestigkeit. N ist *Druck*kraft.

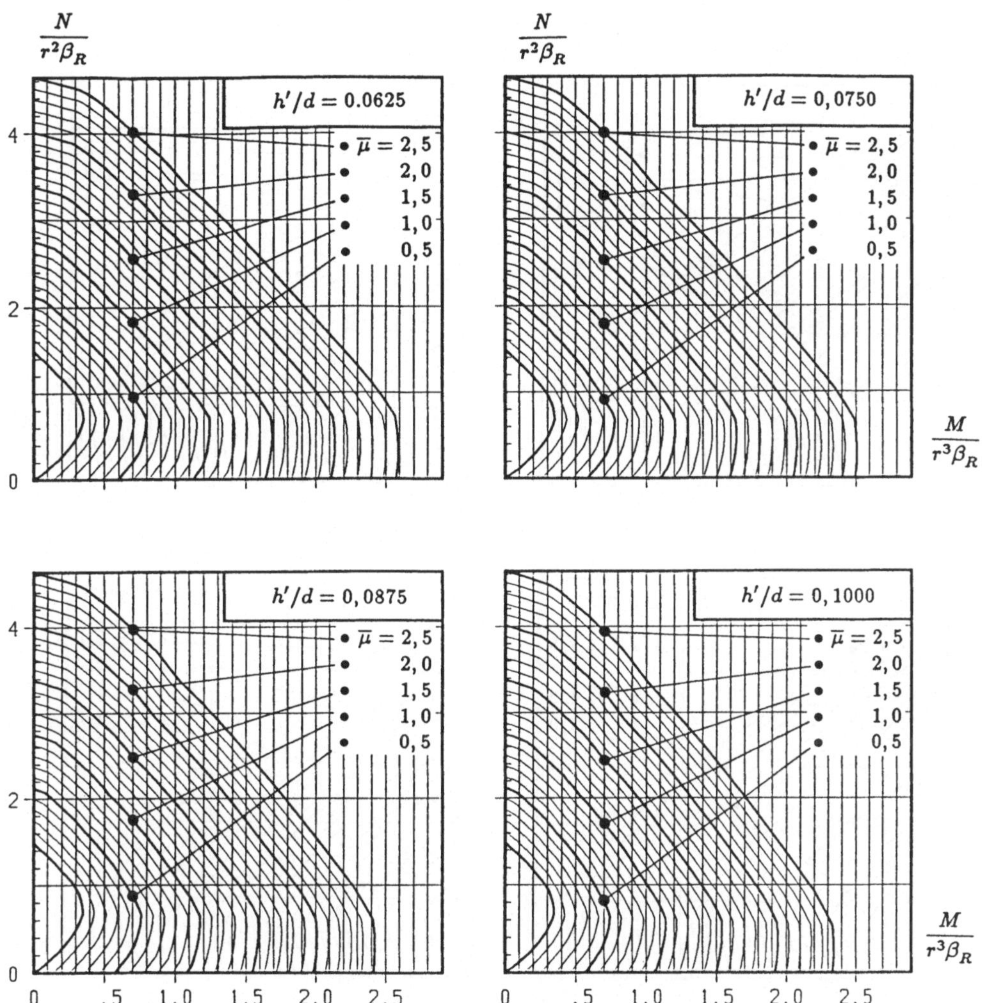

Bild **12.2**: Interaktionsdiagramme für symmetrisch bewehrte Kreisquerschnitte. Gültig für **BSt 500/550** und für alle Betonfestigkeitsklassen, sowie für die Überdeckungsverhältnisse $h'/d = 0,0625$; $h'/d = 0,0750$; $h'/d = 0,0875$; $h'/d = 0,1000$. $r = d/2 =$ Pfahl- (bzw. Stützen-) radius. $\overline{\mu} =$ mechanischer Bewehrungsgrad. β_R ist der Rechenwert der Betonfestigkeit. N ist *Druck*kraft.

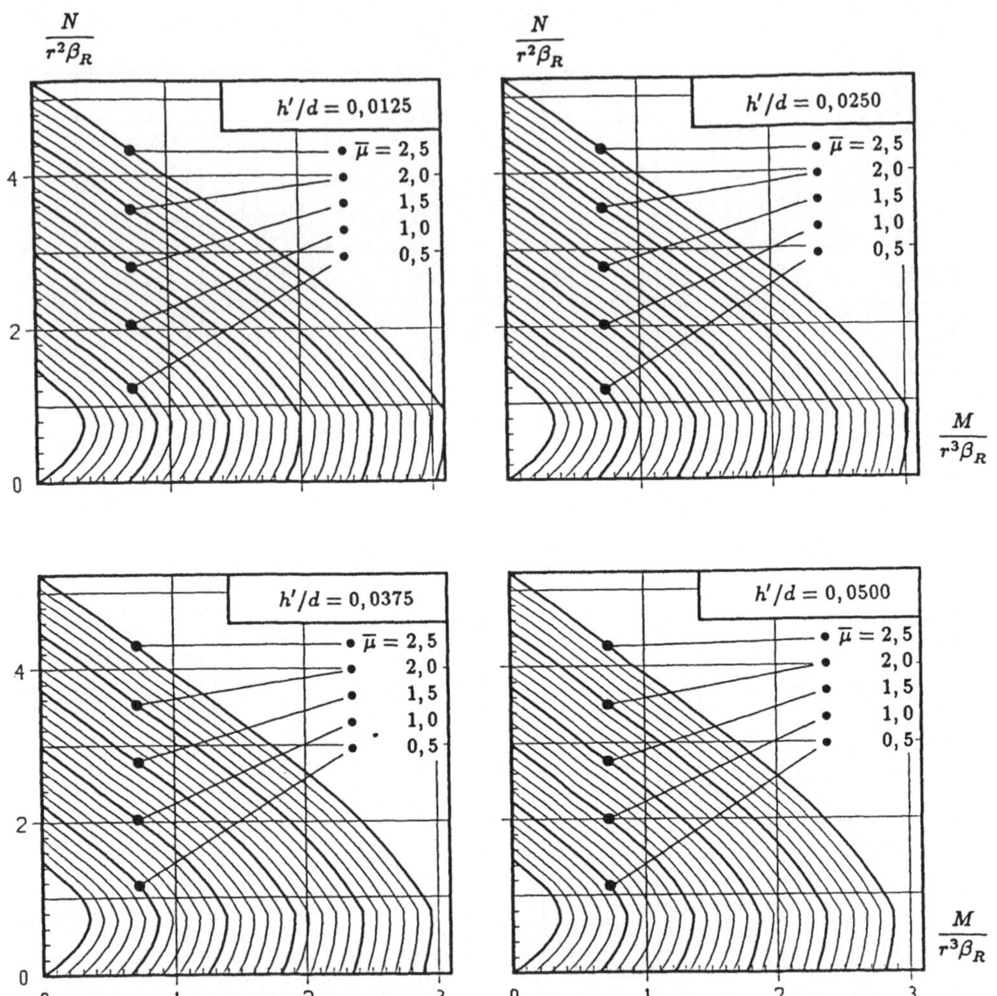

Bild **12.3**: Interaktionsdiagramme für symmetrisch bewehrte Kreisquerschnitte. Gültig für **BSt 220/340** und für alle Betonfestigkeitsklassen, sowie für die Überdeckungsverhältnisse $h'/d = 0,0125$; $h'/d = 0,0250$; $h'/d = 0,0375$; $h'/d = 0,0500$. $r = d/2 =$ Pfahl- (bzw. Stützen-) radius. $\overline{\mu} =$ mechanischer Bewehrungsgrad. β_R ist der Rechenwert der Betonfestigkeit. N ist *Druck*kraft.

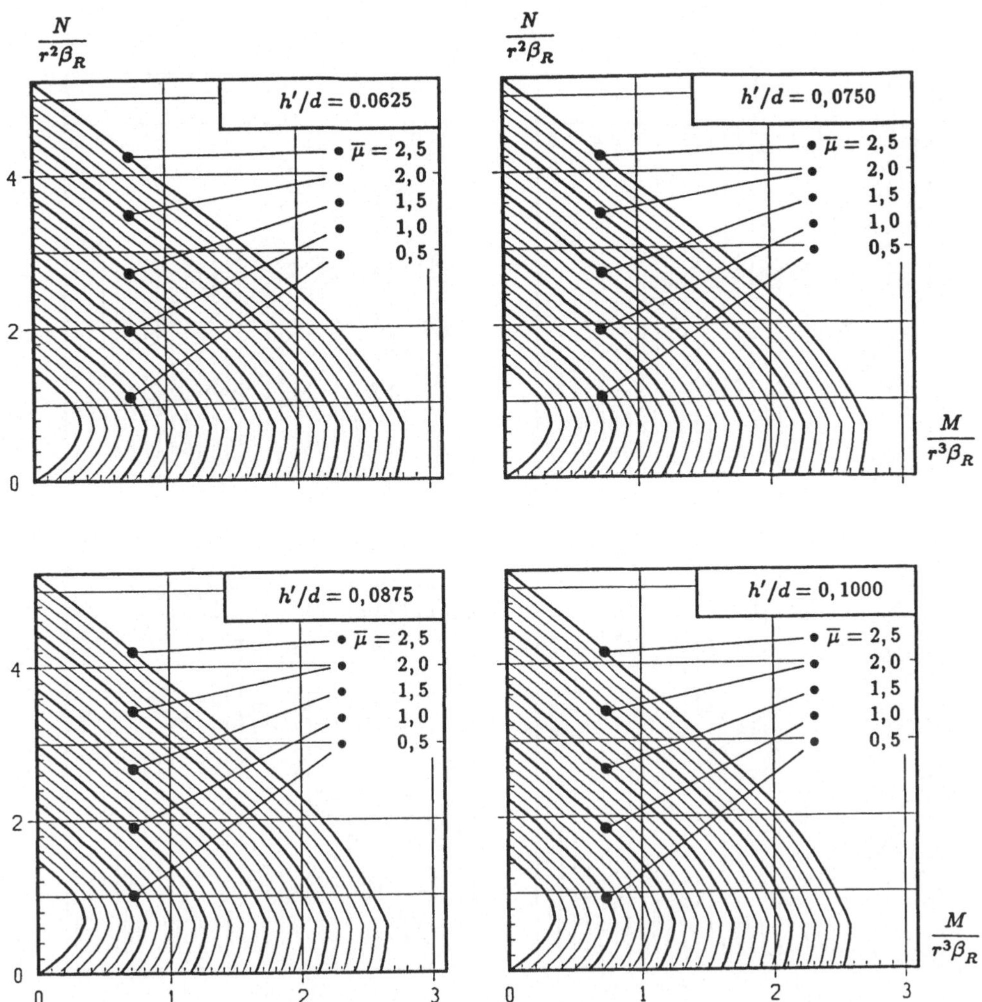

Bild 12.4: Interaktionsdiagramme für symmetrisch bewehrte Kreisquerschnitte. Gültig für **BSt 220/340** und für alle Betonfestigkeitsklassen, sowie für die Überdeckungsverhältnisse $h'/d = 0,0625$; $h'/d = 0,0750$; $h'/d = 0,0875$; $h'/d = 0,1000$. $r = d/2 =$ Pfahl- (bzw. Stützen-) radius. $\bar{\mu} =$ mechanischer Bewehrungsgrad. β_R ist der Rechenwert der Betonfestigkeit. N ist *Druck*kraft.

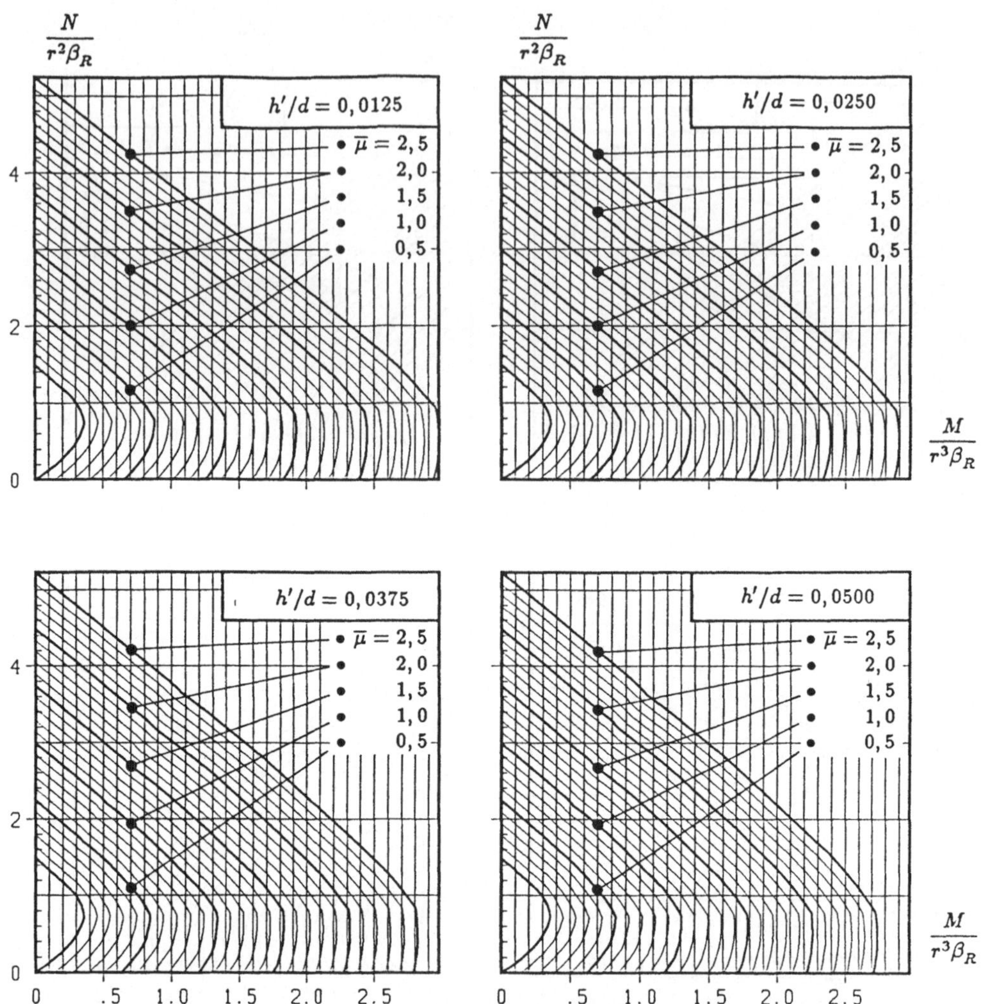

Bild **12.5**: Interaktionsdiagramme für symmetrisch bewehrte Kreisquerschnitte. Gültig für **BSt 420/500** und für alle Betonfestigkeitsklassen, sowie für die Überdeckungsverhältnisse $h'/d = 0,0125$; $h'/d = 0,0250$; $h'/d = 0,0375$; $h'/d = 0,0500$. $r = d/2 =$ Pfahl- (bzw. Stützen-) radius. $\bar{\mu} =$ mechanischer Bewehrungsgrad. β_R ist der Rechenwert der Betonfestigkeit. N ist *Druck*kraft.

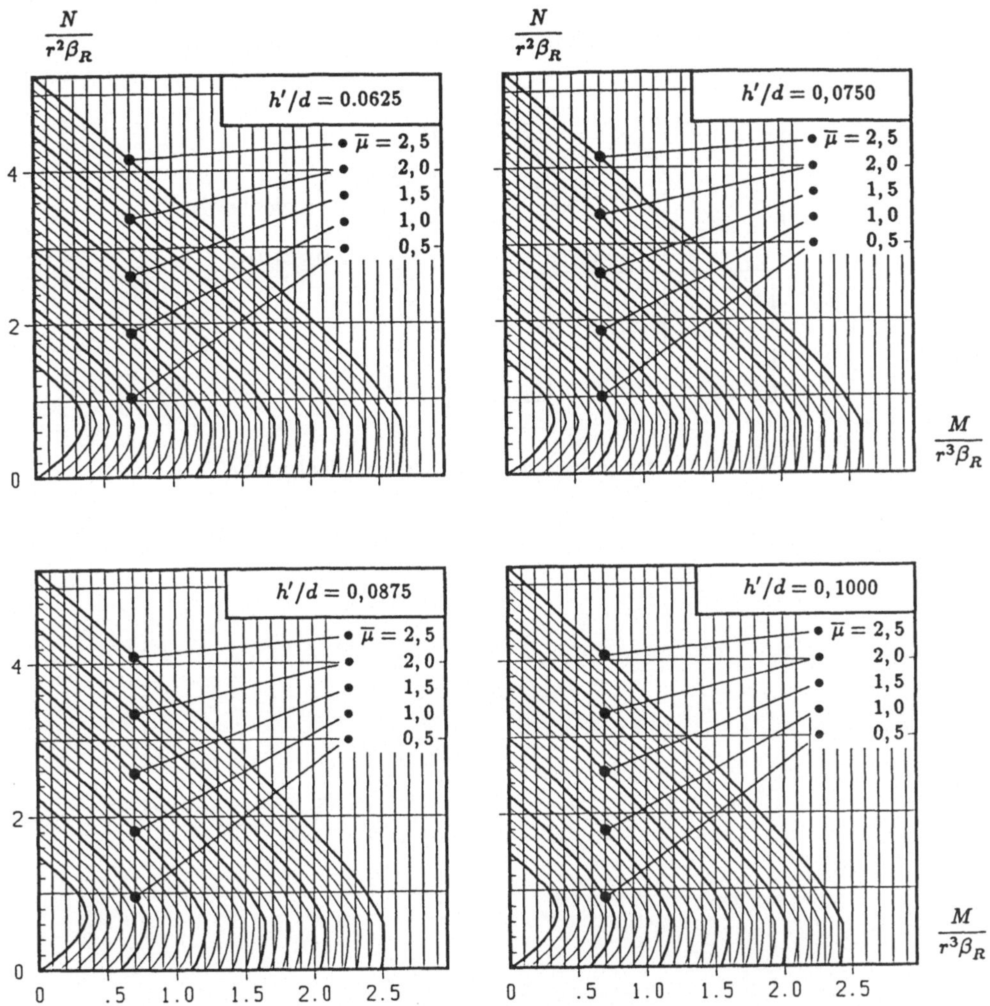

Bild 12.6: Interaktionsdiagramme für symmetrisch bewehrte Kreisquerschnitte. Gültig für **BSt 420/500** und für alle Betonfestigkeitsklassen, sowie für die Überdeckungsverhältnisse $h'/d = 0,0625$; $h'/d = 0,0750$; $h'/d = 0,0875$; $h'/d = 0,1000$. $r = d/2 =$ Pfahl- (bzw. Stützen-) radius. $\bar{\mu} =$ mechanischer Bewehrungsgrad. β_R ist der Rechenwert der Betonfestigkeit. N ist *Druck*kraft.

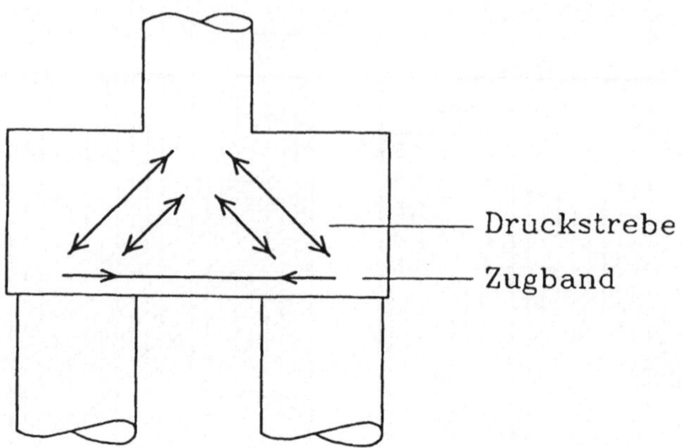

Bild 12.7: Tragwirkung einer gedrungenen Pfahlkopfplatte

13 Preise

Dank des ständigen technischen Fortschritts konnten die Preise im Spezialtiefbau über die letzten Jahre relativ konstant bleiben, obwohl die Lohn- und Materialkosten stark gestiegen sind [13.1]. Unberührt von dieser allgemeinen Feststellung unterliegen die Preise der einzelnen Bauprojekte Schwankungen. Aus diesem Grund lassen sich keine Richtwerte oder häufigsten Werte zusammenstellen. Da andererseits die Preise für die Wirtschaftlichkeit von Gründungsentwürfen maßgebend sind, werden untenstehend einige Zahlenangaben gemacht, die unter gewissen Bedingungen als sinnvoll angesehen werden können, sonst aber keinen Anspruch auf Allgemeingültigkeit erheben.

Es wird also darauf hingewiesen, daß die hier aufgeführten Preise absolut unverbindlich sind. Sie sollen dem Leser lediglich eine Idee über zur Zeit gültige Größenordnungen verschaffen. Ferner können sie als Relativpreise zum Vergleich von Varianten dienen. (Stand Oktober 1987, Preise ohne MWSt.)

Materialien

- Betonstahl, geschnitten, gebogen: 1 200 bis 2 000 DM/t

- Holz für Pfähle: 300 DM/m^3

- Beton: 120 DM/m^3

Bodenerkundungen

Rammkernbohrung

- Einrichtung der Baustelle: 1 200 bis 1 500 DM

- Aufstellen bzw. Umsetzen des Bohrgerätes: 150 DM

- Bohrung 0 bis 5 m unter GOK: 100 DM/stgm

- Bohrung 5 bis 10 m unter GOK: 120 DM/stgm

- Zulage für Meißeln: 140 bis 195 DM/h

- Zulage für Rotationskernbohrung: 60 DM/stgm

- Zulage für Wechsel des Bohrkopfes: 60 DM

- Wartezeiten: 140 bis 195 DM/h

- Probe in Dose: 5 bis 6 DM

- Probe in Eimer: 8 bis 10 DM

- Kernkisten vorhalten: 5 DM/m Kiste

- Ungestörte Probe: 65 bis 70 DM

- Filterrohr für GW-Pegel: 28 bis 45 DM/stgm

- Kiesfilter: 10 bis 20 DM/stgm

- Einmessen des Bohransatzpunktes: 30 DM

Sondierungen

- leichte Rammsonde: 28 DM/stgm

- LRS umsetzen: 15 DM

- schwere Rammsonde: 38 DM/stgm

- verlorene Spitze: 22 DM

- SRS umsetzen: 30 DM

Pfähle

Rammen (Herstellungskosten)

- 50 bis 60 DM/m

Bohren (Herstellungskosten)

- Ø60: 90 DM/stgm

- Ø90: 120 DM/stgm

- Ø120: 160 DM/stgm

- Ø150: 220 DM/stgm

- Ø180: 300 DM/stgm

Holzpfähle

- Ø15 bis 30 cm: 110 DM/stgm

Fertigbeton-Rammpfähle

- a=20cm: 110 DM/stgm

- a=40cm: 140 DM/stgm

Bohrpfähle

- Ø60 cm: 210 DM/stgm (steinfreier Boden)

- Ø90 cm: 300 DM/stgm

- Ø120 cm: 390 DM/stgm

- Ø150 cm: 500 bis 600 DM/stgm

- Ø180 cm: 1 000 bis 1 100 DM/stgm

- Ø200 cm: 1 500 bis 1 800 DM/stgm
- Umsetzen: mindestens 1 000 DM
- Baustelleneinrichtung (Øbis 150 cm): 15 bis 20 TDM
- Baustelleneinrichtung (ab Ø180 cm): 50 TDM

Franki-Pfähle

- 130 bis 140 DM/stgm

SOB-Pfähle

- Ø90 cm: 200 DM/stgm

Wurzelpfähle

- Einstabpfähle: 120 DM/stgm

Anker

- temporäre Verpreßanker: 100 DM/m
- Daueranker: 160 bis 260 DM/m
- Vernagelung: 70 DM/m

Sonstiges

Injektion (Zement)

- Sohlinjektion: 120 bis 180 DM/m^3
- Verfestigung: 250 bis 300 DM/m^3 verfestigten Boden

Injektion (Chemie)

- Sohlinjektion: 150 bis 230 DM/m^3
- Verfestigung: 400 bis 500 DM/m^3

Soilcrete

- > 600 DM/m^3; dazu kommt die Schlammbeseitigung 400 bis 600 DM/m^3

Anhang: Mathematische und mechanische Grundlagen des Rammvorgangs

Zunächst wird untersucht, wie sich mechanische Einwirkungen in einem *elastischen Stab* weiterleiten. Dazu werden zwei Differentialgleichungen herangezogen, welche die Massenerhaltung und die Impulserhaltung beschreiben:

Massenerhaltung: Aus

$$\frac{\partial \varrho}{\partial t} + \varrho \frac{\partial v}{\partial x} = 0$$

folgt mit

$$\frac{\partial \varrho}{\partial t} = -\varrho \frac{\partial \varepsilon}{\partial t}$$

$$\frac{\partial \varepsilon}{\partial t} - \frac{\partial v}{\partial x} = 0 \quad . \tag{A.1}$$

Hierbei ist ϱ die Dichte, ε die Dehnung, v die Geschwindigkeit der materiellen Punkte und x die Ortskoordinate in Längsrichtung des Pfahls. Die Betrachtung ist eindimensional, d.h. die Querdehnung wird vernachlässigt. Man beachte, daß in Anlehnung an die allgemeine Literatur über elastische Stäbe hier die Längskoordinate x und nicht z (wie in den anderen Kapiteln dieses Buches) heißt.

Die oben aufgeführte Herleitung der Gleichung A.1 macht deutlich, daß sie physikalisch die Massenerhaltung ausdrückt. Man gelangt aber einfacher zu (A.1), wenn man $\varepsilon = \partial u / \partial x$ nach t ableitet. u ist dabei die Verschiebung eines materiellen Punktes.

Impulserhaltung: Aus

$$\varrho \frac{\partial v}{\partial t} = \frac{\partial \sigma}{\partial x}$$

erhält man mit $\sigma = E \varepsilon$ und $c := \sqrt{E/\varrho}$:

$$\frac{\partial v}{\partial t} - c^2 \frac{\partial \varepsilon}{\partial x} = 0 \quad . \tag{A.2}$$

σ ist die im Stab wirkende Spannung (σ und ε bei Zug positiv), und E ist der Elastizitätsmodul des Stabes.

Einsetzen von $\varepsilon = \partial u / \partial x$ und $v = \partial u / \partial t$ in (A.2) liefert die sog. *Wellen-Differentialgleichung*

$$\frac{\partial^2 u}{\partial t^2} - c^2 \frac{\partial^2 u}{\partial x^2} = 0 \quad , \tag{A.3}$$

deren allgemeine Lösung

$$u(x,t) = \varphi(x - ct) + \psi(x + ct)$$

lautet. φ und ψ sind beliebige Funktionen, die nur aus den Anfangs- bzw. Randbedingungen bestimmt weden können. $\varphi(x)$ ist eine Verschiebungsverteilung, die mit der Geschwindigkeit c in die Richtung wachsender x wandert. Ebenso ist $\psi(x)$ eine Verschiebungsverteilung, die mit der Geschwindigkeit c in die Richtung fallender x wandert.

Eine bessere Einsicht in das Problem gewinnt man, wenn man die sog. Charakteristiken betrachtet. (A.1) und (A.2) sind zwei miteinander *gekoppelte* partielle lineare Differentialgleichungen 1. Ordnung. Man kann sie *entkoppeln*, indem man sie in folgende Form bringt:

$$\frac{\partial(v + c\varepsilon)}{\partial t} - c\frac{\partial(v + c\varepsilon)}{\partial x} = 0 \quad , \tag{A.4}$$

$$\frac{\partial(v - c\varepsilon)}{\partial t} + c\frac{\partial(v - c\varepsilon)}{\partial x} = 0 \quad , \tag{A.5}$$

Die Gleichungen (A.4) und (A.5) sind entkoppelt, da (A.4) *nur* die Variable $(v + c\varepsilon)$, und (A.5) *nur* die Variable $(v - c\varepsilon)$ betrifft. Man kann nun in der x-t-Ebene die Schar paralleler Geraden $x + ct = s_1 = $ const, sowie die Geraden $x - ct = s_2 = $ const betrachten. Jede dieser Geraden wird als eine s_1- bzw. s_2-*Charakteristik* bezeichnet. Die Gleichungen (A.4) und (A.5) können jetzt wie folgt formuliert werden:

$$\frac{d(v + c\varepsilon)}{ds_1} = 0 \quad , \tag{A.6}$$

$$\frac{d(v - c\varepsilon)}{ds_2} = 0 \quad . \tag{A.7}$$

D.h., die Größe $v + c\varepsilon$ ändert sich entlang der s_1-Charakteristik nicht und genauso die Größe $v - c\varepsilon$ entlang der s_2-Charakteristik. Man spricht auch davon, daß sich die Größen $v + c\varepsilon$ und $v - c\varepsilon$ (sog. Riemann-Invarianten) entlang der Charakteristiken ausbreiten. Mit dieser Betrachtung hat es folgende Bewandtnis: Wenn man entlang eines ∞-langen Stabes $(-\infty < x < \infty)$ die Anfangsverteilungen $v(x, t = 0)$ und $\varepsilon(x, t = 0)$ kennt, dann kann man zu irgendeinem späteren Zeitpunkt $(t > 0)$, die v- und ε-Werte für jede beliebige Stelle x ausrechnen. Wie bereits angedeutet, sind viele verschiedene Anfangs-Randwertprobleme denkbar. Ebenfalls für einen ∞-langen Stab mögen die Anfangsverteilungen der Verschiebung $u(x, 0) = f(x)$ und der Geschwindigkeit $v(x, 0) = g(x)$ vorgegeben sein. Es liegt also ein reines Anfangswertproblem vor. Die Lösung lautet nach d'Alembert (ohne Herleitung):

$$u(x,t) = \frac{1}{2}\left[f(x - ct) + f(x + ct)\right] + \frac{1}{2c}\int\limits_{x-ct}^{x+ct} g(z)\,\mathrm{d}z \quad . \tag{A.8}$$

Für den sog. halbunendlichen Stab $(0 \leq x < \infty)$ besteht ein denkbares Randwertproblem darin, daß man die Verschiebung am Rand $x = 0$ als Funktion von t vorschreibt:

$$u(0, t) = f(t) \quad , \qquad t \geq 0 \quad .$$

Die Lösung besteht einfach darin, daß man diese Verschiebung sich mit der Geschwindigkeit c in Richtung wachsender x ausbreiten läßt (siehe Bild A.1):

$$u(x,t) = \begin{cases} f(t - x/c) & \text{für} \quad x \leq ct \;, \\ \\ 0 & \text{für} \quad x > ct \;. \end{cases}$$

Jetzt soll der Aufprall einer *starren* Masse auf einen linear-elastischen halbunendlichen Stab betrachtet werden. Die Masse m soll mit der Geschwindigkeit V auf den halbunendlichen Stab mit der Querschnittsfläche A (A wird als konstant betrachtet, d.h. die Querkontraktion wird vernachlässigt) bei $x = 0$ und $t = 0$ aufprallen. In dem Maße, wie bei $x = 0$ eine Dehnung ε und infolgedessen auch eine Spannung σ aufgebaut wird, wird die Aufprallmasse verzögert:

$$m\dot{v}(x = 0, t) = A\sigma(x = 0, t) \quad . \tag{A.9}$$

Eigentlich müßte in (A.9) auch das Eigengewicht der Fallmasse berücksichtigt werden, sofern die x-Richtung in der Vertikalen liegt:

$$m(\dot{v} + g) = A\sigma \quad .$$

Dies läßt sich jedoch mit der Substitution

$$\varepsilon^* = \varepsilon - \frac{mg}{AE}$$

eliminieren.

Wie oben erwähnt, läßt sich das Verschiebungsfeld im Stab durch $u = \varphi(x - ct)$ beschreiben. Demzufolge ist

$$\varepsilon(0, t) = \frac{\partial u(0, t)}{\partial x} = \varphi'(-ct) \tag{A.10}$$

sowie

$$v(0, t) = \frac{\partial u(0, t)}{\partial t} = -c\varphi'(-ct) \quad , \tag{A.11}$$

woraus folgt:

$$v(0, t) = -c\varepsilon(0, t) \quad , \tag{A.12}$$

und insbesondere

$$\varepsilon(0, 0) = -\frac{V}{c} \quad . \tag{A.13}$$

Man beachte, daß die Anfangsdehnung $\varepsilon(0, 0)$ *nicht* von m abhängt. Einsetzung von (A.12) in (A.9) liefert unter Berücksichtigung von $\sigma = E\varepsilon$:

$$\dot{\varepsilon}(0, t) + \frac{AE}{mc}\varepsilon(0, t) = 0 \quad . \tag{A.14}$$

Diese Differentialgleichung hat (unter Berücksichtigung der Anfangsbedingung $\varepsilon(0,0) = -V/c$) die Lösung:

$$\varepsilon(0,t) = -\frac{V}{c}\exp\left(-\frac{AE}{mc}t\right) \quad , \tag{A.15}$$

woraus sich schließlich das Verschiebungsfeld ableiten läßt (siehe Bild A.1):

$$u(x,t) = \begin{cases} \dfrac{m}{A\varrho}\dfrac{V}{c}\left[1 - \exp\left(\dfrac{A\varrho}{m}(x - ct)\right)\right] & \text{für} \quad x < ct \quad , \\ 0 & \text{für} \quad x \geq ct \quad . \end{cases} \tag{A.16}$$

Bemerkung: Es wurde davon ausgegangen, daß $V < c$ ist. Der Fall $V > c$ (Überschall-Aufprall) wird hier nicht betrachtet.

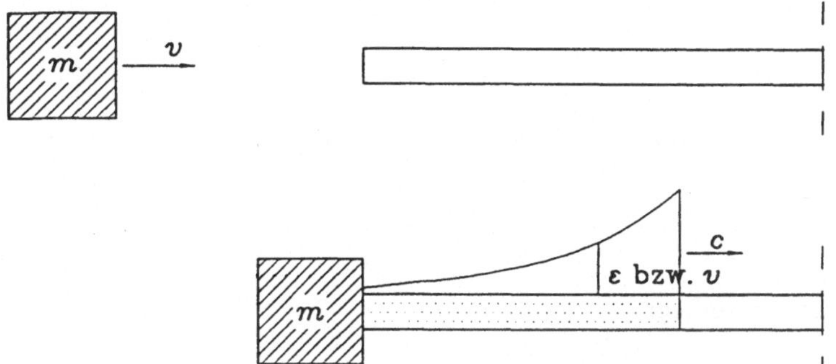

Bild A.1. Welle, die durch den Aufprall einer starren Masse auf einen elastischen Stab ausgelöst wird

Es soll nun die Auswirkung einer plötzlichen Veränderung der sonst als konstant betrachteten Stabeigenschaften (Querschnitt A und Elastizitätsmodul E) untersucht werden. Ausgehend vom allgemeinen Ansatz für das Verschiebungsfeld

$$u = \varphi(x - ct) + \psi(x + ct) \tag{A.17}$$

erhalten wir

$$\varepsilon = \frac{\partial u}{\partial x} = \varphi'(x - ct) + \psi'(x + ct) \tag{A.18}$$

und

$$v = \frac{\partial u}{\partial t} = -c\varphi'(x - ct) + c\psi'(x + ct) \quad . \tag{A.19}$$

Wir setzen nun

$$\varepsilon_\varphi := \varphi'(x - ct) \quad , \tag{A.20}$$

$$\varepsilon_\psi := \psi'(x + ct) \quad , \tag{A.21}$$

$$v_\varphi := -c\varphi'(x - ct) = -c\varepsilon_\varphi \quad , \tag{A.22}$$

$$v_\psi := c\psi'(x + ct) \;\; = c\varepsilon_\psi \quad , \tag{A.23}$$

so daß

$$\varepsilon = \varepsilon_\varphi + \varepsilon_\psi \tag{A.24}$$

$$v = v_\varphi + v_\psi = -c(\varepsilon_\varphi - \varepsilon_\psi) \tag{A.25}$$

gilt, und führen die innere Kraft F (Druck positiv) ein:

$$F := -A\sigma = -AE\varepsilon = F_\varphi + F_\psi \tag{A.26}$$

mit

$$F_\varphi = -AE\varepsilon_\varphi = \frac{AE}{c}v_\varphi \tag{A.27}$$

$$F_\psi = -AE\varepsilon_\psi = -\frac{AE}{c}v_\psi \quad . \tag{A.28}$$

Der Quotient AE/c wird als *Impedanz* Z bezeichnet:

$$Z = \frac{AE}{c} = Ac\varrho \quad . \tag{A.29}$$

Man kann also schreiben:

$$F_\varphi = Zv_\varphi \quad , \quad F_\psi = -Zv_\psi \tag{A.30}$$

bzw.

$$v = v_\varphi + v_\psi = \frac{1}{Z}\left(F_\varphi - F_\psi\right) \quad . \tag{A.31}$$

An der Stelle $x = x_a$ soll nun die Impedanz sich sprunghaft verändern (Diskontinuität):

$$\text{Bereich 1:} \quad x < x_a \quad , \quad Z = Z_1 \quad , \quad F = F_1 \quad , \quad v = v_1 \tag{A.32}$$

$$\text{Bereich 2:} \quad x > x_a \quad , \quad Z = Z_2 \quad , \quad F = F_2 \quad , \quad v = v_2 \tag{A.33}$$

Die Gleichungen A.32 und A.33 können mit Hilfe von (A.26) und (A.31) wie folgt formuliert werden:

$$F_{\varphi 1} + F_{\psi 1} = F_{\varphi 2} + F_{\psi 2} \quad , \tag{A.34}$$

$$\frac{1}{Z_1}\left(F_{\varphi 1} - F_{\psi 1}\right) = \frac{1}{Z_2}\left(F_{\varphi 2} - F_{\psi 2}\right) \quad . \tag{A.35}$$

Die Gleichungen (A.34) und (A.35) stellen eine Verknüpfung zwischen folgenden Kräften dar:

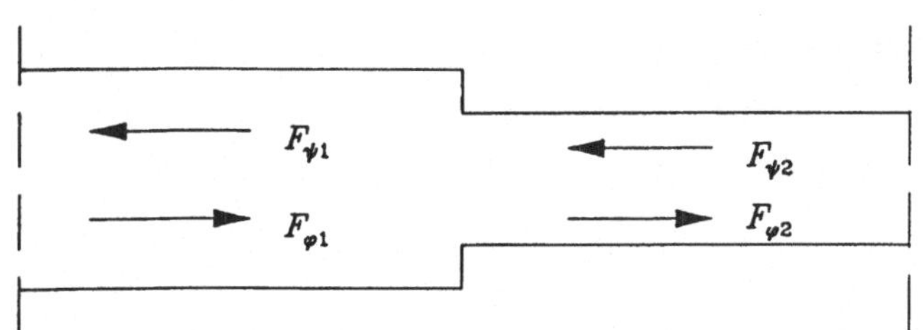

Bild A.2. Kraftwellen beiderseits einer Diskontinuität

Den von außen auf die Diskontinuität *zulaufenden* Kräften $F_{\varphi 1}$ und $F_{\psi 2}$ und den von der Diskontinuität *weglaufenden* Kräften $F_{\varphi 2}$ und $F_{\psi 1}$ (siehe Bild A.2).

Die durch (A.34) und (A.35) hergestellte Beziehung zwischen diesen beiden Kräftepaaren kann auch wie folgt formuliert werden:

$$F_{\psi 1} = a_{11} F_{\varphi 1} + a_{12} F_{\psi 2} \quad , \tag{A.36}$$

$$F_{\varphi 2} = a_{21} F_{\varphi 1} + a_{22} F_{\psi 2} \quad , \tag{A.37}$$

mit den *Reflexionskoeffizienten*

$$a_{11} = \frac{Z_2 - Z_1}{Z_2 + Z_1} \quad , \tag{A.38}$$

$$a_{22} = \frac{Z_1 - Z_2}{Z_1 + Z_2} \tag{A.39}$$

und den *Transmissionskoeffizienten*

$$a_{12} = \frac{2Z_1}{Z_2 + Z_1} \quad , \tag{A.40}$$

$$a_{21} = \frac{2Z_2}{Z_1 + Z_2} \quad . \tag{A.41}$$

Wenn man (A.34) und (A.35) mit Hilfe der Geschwindigkeiten ausdrückt, erhält man folgende Beziehungen:

$$Z_1 v_{\varphi 1} - Z_1 v_{\psi 1} = Z_2 v_{\varphi 2} - Z_2 v_{\psi 2} \quad , \tag{A.42}$$

$$v_{\varphi 1} + v_{\psi 1} = v_{\varphi 2} + v_{\psi 2} \quad , \tag{A.43}$$

bzw.

$$v_{\psi 1} = b_{11} v_{\varphi 1} + b_{12} v_{\psi 2} \quad , \tag{A.44}$$

$$v_{\varphi 2} = b_{21} v_{\varphi 1} + b_{22} v_{\psi 2} \quad , \tag{A.45}$$

mit den Reflexionskoeffizieten

$$b_{11} = \frac{Z_1 - Z_2}{Z_1 + Z_2} \quad , \tag{A.46}$$

$$b_{22} = \frac{Z_2 - Z_1}{Z_1 + Z_2} \tag{A.47}$$

und den Transmissionskoeffizienten

$$b_{12} = \frac{2Z_2}{Z_2 + Z_1} = a_{21} \quad , \tag{A.48}$$

$$b_{21} = \frac{2Z_1}{Z_1 + Z_2} = a_{12} \quad . \tag{A.49}$$

Jetzt kann man den Fall betrachten, daß der Stab, auf den die starre Masse m aufprallt, nicht halbunendlich ist, sondern die endliche Länge l hat. Es seien zunächst folgende Grenzfälle betrachtet:

Freies Stabende:

$$Z_2 = 0 \quad \rightarrow \quad a_{11} = -1, \quad b_{11} = 1 \quad .$$

Man erhält hiermit:

$$F_{\psi 1} = -F_{\varphi 1} \quad ,$$

$$v_{\psi 1} = v_{\varphi 1} \quad ,$$

d.h. die am freien Stabende reflektierte Welle trägt die gleiche Geschwindigkeit, aber die entgegengesetzte Kraft (bzw. Dehnung).

Starres Stabende:

$$Z_2 = \infty \quad \rightarrow \quad a_{11} = \frac{1 - Z_1/Z_2}{1 + Z_1/Z_2} = 1 \quad , \quad b_{11} = \frac{Z_1/Z_2 - 1}{Z_1/Z_2 + 1} = -1 \quad ,$$

woraus folgt:

$$F_{\psi 1} = F_{\varphi 1} \quad ,$$

$$v_{\psi 1} = -v_{\varphi 1} \quad ,$$

d.h. die Kraft (bzw. die Dehnung) kehrt mit demselben Vorzeichen zurück, während die Geschwindigkeit eine Vorzeichenumkehrung erleidet.

Jetzt kann die vereinfachende Annahme, daß die Aufprallmasse starr ist, fallengelassen werden. Es soll also der Fall betrachtet werden, daß eine zylinderförmige *elastische* Aufprallmasse mit der Querschnittsfläche A_A und die Länge l_A (man denke an einen Rammbären oder ein Geschoß) mit der Geschwindigkeit V auf einen halbunendlichen elastischen Stab aufprallt. Größen, die sich auf die Aufprallmasse beziehen, erhalten den Index "A". Der Aufprall möge zum Zeitpunkt $t = 0$ bei $x = 0$ stattfinden. Es entstehen dadurch "Wellen" (d.h. wandernde Dehnungs- und Geschwindigkeitskonfigurationen), die als *Schockwellen* bzw. *Dichteunstetigkeiten* bezeichnet werden.

Vorgänge im halbunendlichen Stab unmittelbar nach dem Aufprall:

Das Verschiebungsfeld lautet:

$$u(x,t) = \begin{cases} \varphi(x - ct) = k(x - ct) & \text{für } x < ct \ , \\ 0 & \text{für } x > ct \ , \end{cases} \qquad (A.50)$$

entsprechend gilt

$$\varepsilon(x,t) = \begin{cases} k & \text{für } x < ct \ , \\ 0 & \text{für } x > ct \ . \end{cases} \qquad (A.51)$$

Da es sich um eine Kompressionswelle handelt, ist $k < 0$. Ferner gilt:

$$v(x,t) = \begin{cases} -ck & \text{für } x < ct \ , \\ 0 & \text{für } x > ct \ , \end{cases} \qquad (A.52)$$

Bei $x = ct$ liegt eine *Unstetigkeit* vor, die mit der Geschwindigkeit c in Richtung wachsender x wandert.

Vorgänge in der Aufprallmasse unmittelbar nach dem Aufprall:

Unter Berücksichtigung der Tatsache, daß sich die Schockwelle in einem bewegten Medium ausbreitet und unter der Annahme, daß $c_A - V \approx c_A$ gilt, lautet das Verschiebungsfeld:

$$u(x,t) = \begin{cases} \psi(x + c_A t) + Vt = k_A(x + c_A t) + Vt & \text{für } x > -c_A t \ , \\ Vt & \text{für } x < -c_a t \ , \end{cases} \qquad (A.53)$$

entsprechend

$$\varepsilon(x,t) = \frac{\partial u}{\partial x} = \begin{cases} k_A & \text{für } x > -c_A t \ , \\ 0 & \text{für } x < -c_A t \end{cases} \qquad (A.54)$$

und

$$v(x,t) = \frac{\partial u}{\partial t} = \begin{cases} k_A c_A + V & \text{für } x > -c_A t \ , \\ V & \text{für } x < -c_A t \ . \end{cases} \qquad (A.55)$$

Bei $x = c_A t$ liegt ebenfalls eine Diskontinuitätsfläche bzw. Schockfläche vor, die sich mit der Geschwindigkeit c_A in Richtung fallender x ausbreitet. Man beachte, daß die von dieser Welle getragene Geschwindigkeit (d.h. die Änderung der Partikelgeschwindigkeit, die vom Vorbeistreifen der Diskontinuitätsfläche hervorgerufen wird) $k_A c_A$ beträgt (und nicht etwa $k_A c_A + V$). Aus (A.51) und (A.54) folgt, daß die von den beiden Wellen getragenen Dehnungen $\varepsilon := k$ und $\varepsilon_A := k_A$ betragen. Kontinuität an der Kontaktfläche beider Körper fordert, daß die Geschwindigkeiten auf beiden Seiten dieser Fläche gleich sind, d.h.

$$k_A c_A + V = -kc$$

bzw.

$$\varepsilon_A c_A + V = -\varepsilon c \quad . \tag{A.56}$$

Die Gleichgewichtsbedingung (strenggenommen handelt es sich hier nicht um die Gleichgewichtsbedingung eines materiellen Körpers oder Punktes, sondern um die Forderung *actio=reactio*) fordert, daß

$$A_A E_A \varepsilon_A = A E \varepsilon \quad . \tag{A.57}$$

Aus (A.56) und (A.57) folgt schließlich:

$$\varepsilon = -\frac{V}{c} \frac{1}{Z/Z_A + 1} \quad . \tag{A.58}$$

Die gemeinsame Geschwindigkeit aller Partikel im Bereich zwischen den beiden Diskontinuitäten beträgt

$$v = -\varepsilon c = V \frac{1}{Z/Z_A + 1} \quad . \tag{A.59}$$

Man beachte, daß für eine starre Aufprallmasse ($Z_A \to \infty$) (A.58) in (A.13) übergeht. Die Schockwelle in der Aufprallmasse erreicht in der Zeit l_A/c_A das freie Ende und wird dort reflektiert. Zurück kommt eine Welle, die die umgekehrte Kraft und die gleiche Geschwindigkeit, nämlich

$$k_A c_A = -V - ck = -V \frac{Z/Z_A}{1 + Z/Z_A} \quad . \tag{A.60}$$

trägt.

Die reflektierte Welle hinterläßt netto einen spannungsfreien Körper, der nach der Zeit $t = 2l_A/c_A$ (d.h. sobald diese Welle die Kontaktfläche erreicht hat) mit der Geschwindigkeit

$$-V \frac{Z/Z_A}{1 + Z/Z_A}$$

zurückfliegt. Der Aufprall der elastischen Aufprallmasse bewirkt also am Anfang des halbunendlichen Stabs einen rechteckigen Impuls, d.h. eine konstante Spannung der Intensität

$$|\varepsilon E| = \frac{VE}{c} \frac{1}{Z/Z_A + 1} = V c \varrho \frac{1}{Z/Z_A + 1} \quad , \tag{A.61}$$

die innerhalb der Zeitspanne $2l_A/c_A$ einwirkt. Wenn jetzt der Stab nicht halbunendlich ist, sondern die endliche Länge l hat, so erreicht der Impuls das untere Ende in der Zeit $t = l/c$.

Der elastische Stab kann als Modell für den Pfahl dienen, sofern die Bettung im Boden in geeigneter Weise berücksichtigt wird. Sog. *diskrete Widerstände* bieten ein stark vereinfachtes Modell hierfür. Man geht dabei von den Annahmen aus, daß die Widerstandskraft in einer Stelle angreift und daß sie sofort mobilisiert wird (sog. ideal-plastisches Verhalten). Demnach beträgt die Widerstandskraft $R\,\text{sign}(v^*)$. v^* ist diejenige Geschwindigkeit, die an der betrachteten Stelle herrscht bzw. *zuletzt* geherrscht hat. Bei Vorzeichenwechsel der Geschwindigkeit v ändert auch die Widerstandskraft das Vorzeichen. Die Auswirkung eines diskreten Widerstands auf die Wellenfortpflanzung läßt sich wie folgt erfassen: Die Widerstandskraft möge an der Stelle $x = x_i$ angreifen. Wenn man den Bereich $x < x_i$ mit "1" und den Bereich $x > x_i$ mit "2" bezeichnet, so läßt sich (A.34) wie folgt erweitern:

$$F_{\varphi 1} + F_{\psi 1} = F_{\varphi 2} + F_{\psi 2} + R\,\text{sign}(v^*) \quad . \tag{A.62}$$

Daraus und aus der Beziehung

$$v = \frac{F_{\varphi 1} - F_{\psi 1}}{Z} = \frac{F_{\varphi 2} - F_{\psi 2}}{Z}$$

folgen die Gleichungen

$$F_{\psi 1} = F_{\psi 2} + \frac{1}{2} R\,\text{sign}(v^*) \quad , \tag{A.63}$$

$$F_{\varphi 2} = F_{\varphi 1} - \frac{1}{2} R\,\text{sign}(v^*) \quad . \tag{A.64}$$

Falls vom Bereich 2 keine Welle eintrifft ($F_{\psi 2} = 0$), so können diese Gleichungen wie folgt interpretiert werden: Beim Durchlaufen der Stelle $x = x_i$ wird die transmittierte Kraft um den Betrag $R\,\text{sign}(v^*)/2$ verringert (A.64), und es wird eine Welle mit der Kraft $R\,\text{sign}(v^*)/2$ reflektiert (A.63).

Man kann auch für die Pfahlspitze einen ideal-plastischen Widerstand ansetzen:

$$F_{\varphi 2} + F_{\psi 2} = \begin{cases} Q_s & \text{falls} \quad v^* > 0 \\ 0 & \text{falls} \quad v^* \leq 0 \end{cases} \tag{A.65}$$

Dabei ist $F_{\varphi 2}$ die von oben auf die Pfahlspitze einfallende Kraft, und $F_{\psi 2}$ ist die von der Pfahlspitze reflektierte Kraft. Letztere wird beim Vorbeistreifen an der Stelle $x = x_i$ um den Betrag $R/2$ erhöht (sofern immernoch $v^* > 0$ gilt).

Wenn man für die Mantelreibung ein *viskoelastisches* Verhalten ansetzt:

$$\tau_m = ku + \eta\dot{u} \quad , \tag{A.66}$$

so erhält man aus der Impulserhaltungs- (bzw. Gleichgewichts-) Gleichung:

$$\frac{\partial^2 u}{\partial x^2} - \frac{1}{c^2}\frac{\partial^2 u}{\partial t^2} - a\frac{\partial u}{\partial t} - bu = 0 \quad . \tag{A.67}$$

Hierbei sind

$$a = \frac{\eta U}{EA} \quad , \quad b = \frac{kU}{EA} \quad ,$$

wobei U der Umfang und A der Inhalt des Pfahlquerschnitts sind. Gleichung A.67 heißt *Telegrafengleichung*, da sie auch für die Übertragung von elektrischen Signalen in Telegrafenleitungen maßgebend ist. Durch den Ansatz

$$w(x,t) = \exp\left(\frac{ac^2 t}{2}\right) u(x,t) \qquad (A.68)$$

kann sie in folgende Form gebracht werden:

$$\frac{\partial^2 w}{\partial x^2} - \frac{1}{c^2}\frac{\partial^2 w}{\partial t^2} + \kappa w = 0 \quad , \qquad (A.69)$$

mit $\kappa := b - (a^2 c^2 / 4)$.

Der Sonderfall $\kappa = 0$ beschreibt sog. *relativ unverzerrte* Wellen. Die Lösungen der Differentialgleichung A.69 haben nämlich dann die Form:

$$u(x,t) = \exp\left(\frac{-ac^2 t}{2}\right)\left[\varphi(x - ct) + \psi(x + ct)\right] \quad . \qquad (A.70)$$

Nach obiger Lösung nimmt lediglich die Größe der Wellenamplituden mit der Zeit ab. Im allgemeinen Fall ($k \neq 0$) hat jedoch (A.69) keine Lösung der Form $w = \varphi(x - ct) + \psi(x + ct)$. In diesem Fall erweist sich der Ansatz $w = \varphi(x - \gamma t)$ mit $\gamma \neq c$ als brauchbar. Eingesetzt in (A.69) liefert er:

$$\varphi'' + \frac{\kappa c^2}{c^2 - \gamma^2}\varphi = 0 \quad . \qquad (A.71)$$

Mit $\Omega^2 := \kappa c^2/(c^2 - \gamma^2)$ erhält man (falls $\Omega^2 > 0$ ist) Lösungen der Form

$$\varphi = C \sin\left[\Omega(x - \gamma t)\right] + D \cos\left[\Omega(x - \gamma t)\right] \quad . \qquad (A.72)$$

Es handelt sich hierbei um harmonische Wellen der Frequenz $\omega = \Omega\gamma$, die mit der Geschwindigkeit γ

$$\gamma = c\frac{\omega}{\sqrt{\omega^2 + \kappa c^2}} \qquad (A.73)$$

wandern. Die Tatsache, daß die Wellengeschwindigkeit γ von der Frequenz ω abhängt, wird *Dispersion* genannt. Eine allgemeinere Lösung der Differentialgleichung A.71 hat die Gestalt $w(x,t) = \exp(\alpha i(x - \gamma t))$ und hängt — genauso wie (A.72) — vom Parameter γ ab. Diese Lösung kann mit einem Faktor $A(\gamma)$ multipliziert werden. Vermöge der Linearität der Differentialgleichung A.71 ist das Integral über γ ebenfalls eine Lösung. Dies deutet daraufhin, daß das Problem mit der Methode der Fourier-Transformation behandelt werden kann. Man beachte folgende Konsequenz: Ein anfängliches Signal (etwa ein Rechteckimpuls) kann nach Fourier in harmonische Signale zerlegt werden, die mit unterschiedlichen Wellengeschwindigkeiten im Pfahl wandern. Dadurch wird das ursprüngliche Signal verzerrt.

Literaturverzeichnis

Normen, Empfehlungen

DIN 1045 (Dezember 1978) Beton und Stahlbeton

DIN 1054 (November 1976) Baugrund

DIN 4014 Teil 1 (August 1975) Bohrpfähle

DIN 4014 Teil 2 (September 1977) Großbohrpfähle

DIN 4014 E (Februar 1987) Bohrpfähle

DIN 4026 (August 1975) Rammpfähle

DIN 4094 Vornorm (Mai 1980) Ramm- und Drucksondiergeräte

DIN 4096 (Mai 1980) Flügelsondierung

DIN 4127 (August 1986) Schlitzwandtone für stützende Flüssigkeiten

DIN 4128 (April 1983) Verpreßpfähle (Ortbeton und Verbundpfähle) mit kleinem Durchmesser

Empfehlungen des Arbeitskreises 5 der DGEG für dynamische Pfahlprüfungen. Geotechnik **4** (1986)

ISSMFE-Komitee "Feld- u. Laborversuche": Axiale Pfahl-Probebelastung — Teil 1: Statische Belastung, Empfehlungen für die Durchführung (4. Vorschlag). Geotechnik **4** (1983)

1.1   Kérisel, J.: Down to earth foundations past and present: the invisible art of the builder. Rotterdam: Balkema 1987

1.2   The Netherlands Commemorative Volume. New York: E. H. de Leeuw (Ed.). 11th Int. Conf. SMFE San Francisco (1985)

1.3   Peek, R-D., Willeitner, H., Behaviour of Wooden Pilings in Long Time Services. Proceedings of the 10. Int. Conf. SMFE, Stockholm, 1981, Band 3, S. *147–152*

1.4   Ulbrich, G.: Stahleinspannung und Senkung des Fertigungsaufwandes bei getypten Spannbetonrammpfählen. Bauplanung-Bautechnik, 33. Jg., Heft 10, Oktober 1979, S. *468–471*

1.5   Bowles, J.E.: Foundation Analysis and Design. Mc Graw-Hill, 1984

1.6   Mazurkiewicz, B.: Einfluß von Rammgeräten auf die Tragfähigkeit von Stahlbetonpfählen. Symposium "Pfahlgründungen", Darmstadt (1986) S. *31–36*

1.7   Mazurkiewicz, B.K.: Offshore Platforms – General (Chapter 1), in: Offshore Platforms and Pipelines, Series on Rock and Soil Mechanics, Vol. 13
         (1987), Trans Tech Publications, Clausthal-Zellerfeld

1.8   Beringen, F.L., de Ruiter, J.: Pile Foundation for Offshore Fixed Platforms
         (Chapter 4), in: Offshore Platforms and Pipelines, Series on Rock and Soil
         Mechanics, Vol. 13 (1987), Trans Tech Publications, Clausthal-Zellerfeld

2.1   Schultze, E.: Setzungen. In: Grundbau-Taschenbuch, 3. Aufl., Teil 1.
         Berlin: Ernst & Sohn, 1980, S. *407–436*

2.2   Franke, E.: Pfähle. In: Grundbau-Taschenbuch, 3. Aufl., Teil 2. Berlin:
         Ernst & Sohn, 1982, S. *459–540*

2.3   Koreck, H.W.: Tragfähigkeiten von Bohrpfählen im Fels. In: Beiträge zur
         Felsmechanik, Schriftenreihe des Lehrstuhls und Prüfamts für Grundbau,
         Bodenmechanik und Felsmechanik der TU München, Heft 10, 1987

2.4   Feddersen, I.: Die Berücksichtigung realistischer Reibungswiderstände bei
         Fahrbahnen, Gründungsplatten und Pfählen durch den Ansatz polygonaler
         Scherkraft-Scherverschiebungskurven. Bautechnik 1980/12, S. *408–413*

2.5   Dierssen, G.: Last-Verschiebungs-Beziehung in Anker- und Pfahlköpfen
         unter Berücksichtigung der eigenen Verformungen des Tragglieds. Geotechnik 1988/4, S. *193–197*

2.6   Meyerhof, G.G.: Bearing capacity and settlement of pile foundations.
         ASCE, Journal GT3 Vol. **102** (1976) *197–228*

2.7   Bowles, J.E.: Foundation analysis and design. Mc Graw Hill, 1984

2.8   Broms, B.T.: Precast Piling Practice. Thomas Telfort Ltd, London, 1981

2.9   Braja, M.Das: Fundamentals of soil dynamics. Elsevier, 1984

2.10   Bjerrum, L., Johannessen, I.J., Eide, O.: Reduction of negative skin friction on steel piles to rock. Proc. 7 Int. Conf. SMFE Mexico, Bd. **2** (1969)
         27–34

2.11   Poulos, H.G., Davis, E.H.: Pile Foundation Analysis and Design, John
         Wiley and Sons, New York, 1978

2.12   Baumgartl, W.: Ein einfaches Modell für negative Mantelreibung. Symposium "Pfahlgründungen" 1986 in Darmstadt

2.13   Firmenprospekt Fa. Franki.

2.14   Grundbau-Taschenbuch, 3. Aufl., Teil 2. Berlin: Ernst & Sohn, 1982,
         S. *499*

2.15   Beringen, F.L., de Ruiter, J.: Pile Foundation for Offshore Fixed Platforms (Chapter 4), in: Offshore Platforms and Pipelines, Series on Rock and Soil Mechanics, Vol. 13 (1987), Trans Tech Publikations, Clausthal-Zellerfeld, West-Germany

2.16   Koreck, H.W.: Zyklisch axial belastete Pfähle. Geotechnik 2 (1985) (siehe auch: Pfahlsymposium Darmstadt 1986) A

3.1   Schultze, W.E., Simmer, K.: Grundbau (Band 2). Teubner, 1978, S. 330

3.2   Hetenyi, M.: Beams on elastic foundations. Ann Arbor, Mich.: University of Mich. Press, 1946

3.3   Klöckner, W., Schmidt, H.G.: Gründungen. In: Betonkalender 1974. Berlin: Ernst & Sohn

3.4   Titze, E.: Über den seitlichen Bodenwiderstand bei Pfahlgründungen. Bauingenieurpraxis 77. Berlin: Ernst & Sohn, 1970

3.5   Sherif, G.: Elastisch eingespannte Bauwerke (Tafeln zur Berechnung nach dem Bettungsmodulverfahren). Berlin: Ernst & Sohn, 1974

3.6   Brinch Hansen, J.: The ultimate resistance of rigid piles against transversal forces. Kopenhagen: Geoteknisk Institut. Bull. No. 12 (1961)

3.7   Poulos, H.G., Davis, E.H.: Pile foundation analysis and design. Wiley, 1980

3.8   Broms, B.B.: Stability of flexible structures (piles and pile groups). Proc. 5th Euop. Conf. SMFE Madrid, Bd. 2 (1972) *239-269*

3.9   Beringen, F.L., de Ruiter, J.: Pile Foundation for Offshore Fixed Platforms (Chapter 4), in: Offshore Platforms and Pipelines, Series on Rock and Soil Mechanics, Vol. 13 (1987), Trans Tech Publikations, Clausthal-Zellerfeld, West-Germany

3.10   Empfehlungen des Ausschusses für Ufereinfassungen EAU 1985. Berlin: Ernst & Sohn, 1985

3.11   Gudehus, G.: Seitendruck auf Pfählen in tonigen Böden. Geotechnik 2 (1984)

3.12   Schwarz, W.: Verdübelung toniger Böden. Dissertation. Veröffentlichungen des Instituts für Bodenmechanik und Felsmechanik der Universität Karlsruhe, Heft 105 (1987)

3.13   Dietrich, Th.: Seitlich belastete Pfähle im psamischen Halbraum, analysiert mit Hilfe der Ähnlichkeitsmechanik und verglichen mit Messungen im Sand. Baugrundtagung Braunschweig, 1982

3.14   Hettler, A.: Horizontal belastete Pfähle mit nichtlinearer Bettung in körnigen Böden. Karlsruhe: Veröffentlichungen des Instituts für Bodenmechanik und Felsmechanik der Universität Karlsruhe, Heft **102** (1986)

3.15   Schnell, W., Czerwenka, G.: Einführung in die Rechenmethoden des Leichtbaus. Bibliographisches Institut Mannheim, Band **2**

3.16   Sovinc, I.: Buckling of Piles with initial Curvature. 10. Int. Conf. SMFE, Stockholm 1981, Proceedings Vol. **2**, S. *851–856*

3.17   Wenz, K.P.: Das Knicken von schlanken Pfählen in weichen bindigen Erdstoffen. Karlsruhe: Veröffentlicheungen des Instituts für Bodenmechanik und Felsmechanik der Universität Karlsruhe, Heft **50** (1972)

3.18   Schenck, W., Smoltczyk, U., Lächler, W.: Pfahlroste. In: Grundbau-Taschenbuch 3. Aufl., Teil 2. Berlin: Ernst & Sohn, 1982, S. *572*

3.19   Sugimura, Y.: Earthquake Damage and Design Method of Piles. Proceed. 10. Int. Conf. SMFE, Stockholm 1981, Bd. **2**, S. *865–868*

3.20   Dowrick, D.J.: Earthquake Resistant Design. J. Wiley & Sons, 2. Edition, Chichester, 1987

4.1   Franke, E.: Pfähle. In: Grundbau-Taschenbuch, 3. Aufl., Teil 2. Berlin: Ernst & Sohn, 1982

4.2   Meyerhof, G.G.: Bearing capacity and settlement of pile foundations. ASCE, Journal GT3, Vol. **102** (1976) *197–228*

4.3   König: Die Berechnung der negativen Mantelreibung bei Pfahlgründungen in weichen Böden. Bauingenieur **44** (1969) S. *186*

4.4   Wenz, K.P.: Das Knicken von schlanken Pfählen in weichen bindigen Erdstoffen. Karlsruhe: Veröffentlicheungen des Instituts für Bodenmechanik und Felsmechanik der Universität Karlsruhe, Heft **50** (1972)

5.1   Gudehus, G.: Bodenmechanik, F. Enke Verlag, Stuttgart, 1981

5.2   Soos, P.v.: Eigenschaften von Boden und Fels; ihre Ermittlung im Labor. In: Grundbau-Taschenbuch, 3. Aufl., Teil 1. Berlin: Ernst & Sohn, 1980, S. *59–116*

5.3   Case studies ESOPT II, Mededelingen laboratorium voor grondmechanica, No. 91, Delft 1985

5.4   Hubáček, H.: Quantifizierung von Sondierergebnissen zur Bestimmung von Bodenkennwerten. Geotechnik 4, 1986, S. *206–213*

5.5   Muhs, H.: Baugrunduntersuchungen im Feld, Grundbau Taschenbuch, Teil
        1, Ernst & Sohn, 1980

5.6   The Netherlands Commemorative Volume. New York: E. H. de Leeuw
        (Ed.). 11th Int. Conf. SMFE San Francisco (1985)

5.7   Abdrabbo, F.M., Mahmoŭd, M.A.: A practical note on the evaluation of
        a pile load using cone penetration test results. Proceed. of the Int. Symp.
        on Penetration Testing /ISOPT-1/, edited by j. de Ruiter, Balkema, Rot-
        terdam, 1988, S. *599–605*

5.8   De Beer, E.: Méthodes de déducation de la capacité portante d'un pieu
        à partir des résultats des essais de pénétration. Extrait des Annales des
        Travaux Publics de Belgique, No. 4, 5, 6 - 1971/1972

5.9   Broms, B.B., Bergdahl, U.: The weight sounding test (WST). Proceed.
        of the Second European Symposium on Penetration Testing, Amsterdam
        1982, Vol. 1, S. *203–214*, Balkema, Rotterdam

5.10   Bjerrum, L.: Problems of soil mechanics and construction on soft clays and
        structurally unstable soils. 8th Int. Conf. SMFE Moskau, Band 3 (1973)
        S. *111–159*

5.11   Baguelin, F., Jézéquel, J.F., Shields, D.H.: The pressuremeter and foun-
        dation engineering. Aedermannsdorf: Trans Tech Publications, 1978

5.12   Lippomann, R.: Ingenieurgeologische Kriechhangsicherung durch Dübel.
        Veröffentlichungen des Institutes für Boden- und Felsmechanik der Uni-
        versität Karlsruhe, Heft 111, Karlsruhe 1988

5.13   Marchetti, S.: In situ test by flat dilatometer. ASCE, Journal of Geotech-
        nical Engineering Division 106, No. GT3 (1986) *299–321*

5.14   de Ruiter, J.: Soil Investigations for Offshore Fixed Platforms and Pi-
        pelines, in: Offshore Platforms and Pipelines, Series on Rock and Soil
        Mechanics, Vol. 13 (1987), Trans Tech Publikations, Clausthal-Zellerfeld,
        West-Germany

6.1   Empfehlungen für die Durchführung von axialen Pfahl-Probebelastungen
        Teil I, Statische Belastung, des ISSMFE-Komitees "Feld- und Laborversu-
        che". In: Geotechnik 4 (1983)

6.2   Franke, E.: Pfähle. In: Grundbau-Taschenbuch, 3. Aufl., Teil 2. Berlin:
        Ernst & Sohn, 1982

6.3   Gudehus, G.: Bodenmechanik, F. Enke Verlag, Stuttgart, 1981

6.4   Stocker, M., Scheller, P.: Messungen bei statischen Pfahlprobebelastungen,
           Stand der Technik. DGEG (Deutsche Gesellschaft für Erd- und Grund-
           bau): Symposium Meßtechnik im Erd- und Grundbau München (1983)

6.5   Simons, H., Wind, H., Moser, W.H.: Die Brücke über den Maracaibo-See
           in Venezuela. Bauverlag, Wiesbaden-Berlin 1963

6.6   Vollenweider, U.: Prüfung nach dem Pfahlfußpreßverfahren. Veröffentli-
           chung der Spezialtiefbau AG, Zürich, 1988

7.1   Kolymbas, D.: Vereinfachte Abschätzung der Pfahltragfähigkeit aufgrund
           dynamischer Belastung. Geotechnik 2/1989

8.1   Brinch Hanssen, J., Lundgren, H.: Hauptprobleme der Bodenmechanik.
           Springer, 1960

8.2   Ulbrich, G.: Effektiver Einsatz von Betonpfählen für Rammgründungen.
           Bauplanung-Bautechnik 42 Heft 9, 1988, S. *420–422*

8.3   Schenck, W.: Rammen und Ziehen. In: Grundbau-Taschenbuch, 3. Aufl.,
           Teil 2. Berlin: Ernst & Sohn, 1982, S. *359–422*

8.4   Schultze, W.E., Simmer, K.: Grundbau (Band 2). Teubner, 1978

9.1   Arz, P., Miller, Ch.: Ungewöhnlicher Bodenaustausch für die kombinierte
           Stahlspundwand beim Bau der 650 m langen Kaimauer Reiherstieg Süd
           Hamburg. Baugrundtagung 1988, Hamburg.

9.2   Gudehus, G.: Erddruckermittlung. In: Grundbau-Taschenbuch, 3. Aufl.,
           Teil 1. Berlin: Ernst & Sohn, 1980

9.3   Schultze, W.E., Simmer, K.: Grundbau (Band 2). Teubner, 1978

9.4   Lorenz, H., Walz, B.: Ortswände. In: Grundbau-Taschenbuch, 3. Aufl.,
           Teil 2. Berlin: Ernst & Sohn, 1982, S. *687–715*

9.5   Ulrich, G.: Bohrtechnik. In: Grundbau-Taschenbuch, 3. Aufl., Teil 2.
           Berlin: Ernst & Sohn, 1982

10.1   Distelmeyer, H.: Großbohrpfähle zur Gründung zweier Strombrücken über
           den Niger. Baugrundtagung, 1984

11.1   Schenck, W., Smoltczyk, U., Lächler, W.: Pfahlroste. In: Grundbau-Taschenbuch 3. Aufl., Teil 2. Berlin: Ernst & Sohn, 1982, S. *572*

11.2   Sommer, H., Wittmann, P., Ripper, P.: Zum Tragverhalten von Pfählen im steifplastischen Tertiärton. Baugrundtagung 1984 in Düsseldorf, DGEG, S. *501-531*

11.3   Toshkov, E., Alexiew, D.: Anwendung des Verfahrens "Kombinierte Gründung" beim Entwurf eines Silos für 120000 Tonnen Getreide. Berichte der 2. Nationalen Grundbautagung Bulgariens, Band II, Rousse, Oktober 1987

12.1   Seitz, J., Wagner,P.: Unsymmetrisch bewehrte Pfähle, Herstellung und Qualitätssicherung. Geotechnik **3** (1984)

12.2   Grasser, E.: Bemessung der Stahlbetonbauteile. In: Betonkalender des Jahres 1986. Berlin: Ernst & Sohn, S. *329-522*

12.3   Priebe, H.: Bemessungstafeln für Großbohrpfähle. Die Bautechnik **59**, Heft 8 (1982) S. *276-277*

12.4   Franke, E.: Pfähle, in: Grundbau-Taschenbuch, 3. Auflage Teil 2, 1982, Ernst & Sohn, Berlin

12.5   Leonhardt, F.: Vorlesungen über Massivbau, Teil 3 (Grundlagen zum Bewehren im Stahlbetonbau), 3. Auflage, Kap. 16.8, S. *236-239*, Springer-Verlag, Berlin/Heidelberg ,1977

12.6   Baldauf, H., Timm, U.: Betonkonstruktionen im Tiefbau. S. *119-123*, Ernst & Sohn, Berlin, 1988

12.7   Schlaich, J., Schäfer, K.: Konstruieren im Stahlbetonbau. Betonkalender 1989, Teil II, Ernst & Sohn

13.1   Engelhardt, K.: Kostenentwicklung im Spezialtiefbau. In: Vorträge der Baugrundtagung 1980 in Mainz, DGEG

Es folgen weitere Literaturangaben, die im Text nicht zitiert werden.

Allgemeines

Klöckner, W. u.a.: Gründungen. In: Betonkalender der Jahre 1974, 1882, 1987

Schultze, W.E., Simmer, K.: Grundbau (Band 2). Teubner, 1978

Terzaghi, K., Peck, R.B.: Die Bodenmechanik in der Baupraxis. Springer, Berlin, 1961

Bohrpfähle

Firmenprospekt "Bohrpfähle". Fa. Bauer Schrobenhausen

Mager, W.: Trockendrehbohrverfahren. Baumaschine + Bautechnik **7** (1981)

Mager, W.: Bohranlagen für den Baggeranbau und ihre Anwendungen. Der Bauingenieur **44**, Heft 4 (1969)

Schneckenpfähle

Stocker, M.: Der Schneckenbohrpfahl. Pfahlsymposium Darmstadt, 1986

Otto: Schraubverdrängungspfähle. Pfahlsymposium Darmstadt, 1986

Andere Pfahltypen

Kempfert, H.G.: Gründung auf Verpreßpfählen in weichen Sedimenten. Geotechnik **2** (1986)

Brem, G.: DerRamminjektionspfahl. Pfahlsymposium Darmstadt, 1986

Berg, J.: Pfahlherstellung mit Tiefenrüttler und Soilcrete. Pfahlsymposium Darmstadt, 1986

Firmenprospekt Fa. Franki

Frank: Tragfähigkeit von Wurzelpfählen mit Anwendungsbeispielen. Baugrundtagung Düsseldorf, 1970, S. *143–164*

Horizontale Tragwirkung

Franke, E., Schuppner, B.: Horizontalbelastung von Pfählen infolge seitlicher Erdauflasten. Geotechnik **4** (1982)

Schmidt, H.G.: Großversuche zur Ermittlung des Tragverhaltens von Pfahlreihen unter horizontaler Belastung. Mitteilungen des Institutes für Boden- und Felsmechanik der TH Darmstadt, Heft 25, 1986

Klüber, E.: Tragverhalten von Pfahlgruppen unter Horizontalbelastung, Mitteilungen des Institutes für Boden- und Felsmechanik der TH Darmstadt, Heft 28, 1988

Gruppenwirkung

Schmidt, H.G.: Horizontale Gruppenwirkung von Pfahlreihen in nichtbindigen Böden. Geotechnik **1** (1984) (siehe auch: Pfahlsymposium Darmstadt 1986)

Klübner, E.: Tragverhalten von Pfahlgruppen unter Horizontalbelastung. Pfahlsymposium Darmstadt, 1986

Statische Probebelastung

Nowack, F., Gartung, E.: Messungen bei Probebelastungen vertikal und horizontal belasteter Großbohrpfähle. Geotechnik 1 (1983)

Günther, M.: Last-Setzungs-Versuche an kurzen Großbohrpfählen. Geotechnik 3 (1983)

Dynamische Probebelastung

Ruck, K.W.: Erfahrungen bei Pile-Driving-Analyzer Messungen an gerammten Stahlbetonfertigpfählen in bindigen Böden. DGEG, Symposium "Meßtechnik" München (1983)

Smoltczyk, U., van Koten, H., Hilmer, K.: Dynamische Untersuchungen von Pfählen. BMT 2 (1978) *65-71*

Balthaus, G.: Zur Bestimmung der Tragfähigkeit von Pfählen mit dynamischen Prüfmethoden. Dissertation, Braunschweig, 1986

Ulrich, G., Stocker, M.: Integritätsuntersuchung an präparierten Betonpfählen. DGEG, Symposium "Meßtechnik im Erd- und Grundbau" München, 1983

Rausche, F., Meseck, H.: Möglichkeiten und Grenzen dynamischer Pfahltestverfahren. DGEG, Symposium "Meßtechnik im Erd- und Grundbau" München, 1983

Conrad, P., Meseck, H.: Statische Probebelastungen und dynamische Pfahltests an Stahlrammpfählen. DGEG, Symposium "Meßtechnik im Erd- und Grundbau" München, 1983

Johnson, W.: Impact strength of materials. London: Edward Arnold, 1972

Chester, C.R.: Techniques in partial differential equations. Mc Graw Hill, 1971

Skov, R.: Dynamische Pfahlprüfungen. Geotechnik 2 (1983)

Seitz, J., Klingmüller, O.: Dynamische Tragfähigkeitsprüfungen von Pfählen. Baugrundtagung, 1984

Garbrecht, D.: Stoßprüfung von Pfählen. Baugrundtagung in Mainz, 1980, S. *591-612*

Rausche, F., Goble, G.G., Likins, G.E.: Dynamic determination of pile capacity, Journal Geotech. Eng., Vol. 111, No. 3, March 1985, *367-383*

Goble, G.G., Rausche, F., Likins, G.E.: Analysis of pile driving. Int. Seminar on the Application of Stress-Wave Theory on Piles, Stockholm, 4-5 June 1980, *131-161*

Gravare, C.J., Goble, G.G., Rausche, F., Likins, G.E.: Pile driving construction control by the Case method. Ground Engineering, March 1980

Rausche, F., Goble, G.G.: Determination of Pile Damage by Top Measurements. Special Technical Publication 670, American Society for Testing and Materials, Philadelphia, 1984, *500-506*

Rausche, F., Moses, F., Goble, G.G.: Soil Resistance from Pile Dynamics. Journal of the Soil Mech. and Found. Division of ASCE, Vol. **98**, No. SM 9, Sept. 1972, *917–937*

Sondierungen u. Bodenparameter

Franke, E.: Einige Fragen zu DIN 4094, Teil 2. Geotechnik **1** (1987)

Placzek, D.: Vergleichende Untersuchungen beim Einsatz statischer und dynamischer Sonden. Geotechnik **2** (1985)

te Kamp, W.G.B., Heijnen, W.J., van Weele, A.F., Krajiček, P.V.F.S., Joustra, K., Dr. Begemann, H.K.S.Ph.: Cone Penetration Testing. Civiele & Bouwkundige Techiek, nr. 3, Mai 1982

Sonstiges

Seitz, J., Wagner,P.: Unsymmetrisch bewehrte Pfähle, Herstellung und Qualitätssicherung. Geotechnik **3** (1984)

Berger G.: Einfluß der Standzeit auf die Tragfähigkeit gerammter Zugpfähle. Geotechnik **1** (1986)

Rollberg, D.: Die Zeit-Setzungs-Kurve von Pfählen. Geotechnik **3** (1985)

Arz, P., Krubasik, K.: Mantel- und Fußverpressungen bei Bohrpfählen. Pfahlsymposium Darmstadt, 1986

Drilling technique manual, published by WIRTH Maschinen- und Bohrgeräte-Fabrik GmbH, 5140 Erkelenz, 1981

Behaviour of Deep Foundations, ASTM Special Technical Publication 670, edited by R. Lundgren, 1978

Wynne, C.P.: A Review of Bearing Piles. CIRIA, Department of the Environment, London, 1988

Wörterbuch Englisch – Deutsch

Englisch	Deutsch
air-entrained concrete	Luftporenbeton
air-lift drilling	Lufthebebohren
anvil	Amboß
appurtenance	Zubehör
auger	Bohrer
bailer	Schlammbüchse
base pressure	Spitzendruck
batter	Pfahlneigung, Schläger
belled pile	Bohrpfahl mit Fußerweiterung
benchmark	Meßbolzen
berth	anlegen (bei Schiffen)
bit	Bohrkrone
borehole	Bohrloch
buckling	Knicken
butt	Pfahlkopf
cable crane	Bohrbagger
cable tool percussion	Seilschlagbohren
caisson	Bohrpfahl
capblock	Haubenblock
cased drilling by augering	Trockendrehbohrverfahren mit Verrohrung
casing	Verrohrung
casing reel	Verrohrungsmaschine
casing unit	Verrohrungsgerät
casting yard	Betonierhof
cast-in-place pile	Ortbetonpfahl
centrifugal pump	Kreiselpumpe
chopping bit	Fallmeißel
chopping bucket	Stoßwerkzeug
clay cutter	Tonschneide
concrete tremie pipe	Betonschüttrohr
cone penetration test	Drucksondierung
continuous flight auger pile	Schneckenbohrpfahl
core barrel auger bit	Kernrohrschappe
core drilling	Kernbohrung
coring bit	Kernbohrkrone
counterflush drilling	Gegenstrombohrverfahren
crane attachement equipment	Baggeranbaugerät
crane mounted drilling	Baggeranbaugerät
cross bit	Kreuzmeißel
cure	erhärten (Beton)
cushion	Polster
cuttings	Bohrklein
deflection	Auslenkung
design load	planmässige Last
diaphragm wall	Schlitzwand
diaphragm wall chisel	Schlitzwandmeißel
diggin grab	Schlitzgreifer
direct circulation drilling	direktes Spülbohrverfahren
dolphin	Dalbe
double tube core barrel	Doppelkernrohr
down hole hammer drilling	schlagendes Spülbohrverfahren
downdrag	negative Mantelreibung
drill bit	Bohrkrone
drill bucket	Bohrschappe
drill stem	Schwerstange
drilled pier	Bohrpfahl

drilling	bohren
drilling caisson	Großbohrpfahl
drilling mud	Stützsuspension
driven pile	Rammpfahl
driving point	Pfahlschuh
driving rod	Rammsonde
drop hammer	Fallhammer
dth hammer drilling	Senkhammerbohren
duo-tube	Doppelrohr
dynamic probing test	Rammsondierung
dynamic penetration test	SPT oder Rammsondierung
end bearing pile	Spitzendruckpfahl
expendable shoe	verlorene Spitze
feeding chain pulldown	Vorschub
finger bit	Fingerbohrkrone
flange	Flansch
flap valve	Ventilklappe
flat bit	Flachmeißel
flight auger	Schneckenbohrer
floating pile	schwebender Pfahl
flush	spülen
folding mast	Bohrturm
frictional pile	Reibungspfahl, schwebender Pfahl
front-of-wall-pile	Vor-der-Wand-Pfahl
grade	Geländeoberkante
grout	Verpreßgut
grouted base pile	fußverpreßter Pfahl
heave	Hebung
helmet	Rammhaube
hoisting drum	Seilwinde
hole opener	Erweiterungsmeißel
hollow stem auger	Hohlbohrschnecke
hook	hacken
hose	Schlauch
hose drum	Schlauchtrommel
jaw bit	Backenmeißel
jet drilling	Strahlsaugbohrverfahren
Kelly bar	Kelly Stange
kentledge	Ballasteisen
kips	1000 lbs bzw. 4,45 kN
laterally loaded pile	horizontal belasteter Pfahl
leads	Voreilung, Ganghöhe
liner	Verrohrung
mandrel	Dorn, Stift
modulus of subgrade reaction	Bettungsziffer
monkey	Rammbär
mud pump	Spülpumpe
muck	Bohrgut
necking	Einschnürung
pedestal	Pfahlfußerweiterung
penetrometer	Drucksonde
percussion bailer	Stoßbüchse
percussion drilling	Imloch-Hammer Bohren
pier	Pfeiler, Kai, Mole
pile cap	Rammhaube, Pfahlkopfplatte
piling	Stapel
piston pump	Kolbenpumpe
pitch	Wendelbewehrung
platform level	Geländeoberkante
pole	Mast
power swivel	Drehkopf

precast concrete pile .... Fertigbetonpfahl
primemover..................... Antriebsmotor
pulldown .... Andruck
quake .... Erschütterung, bleibende Eindringung
rake............................ Neigung zur Vertikalen, Lotabweichung
raked pile .... Schrägpfahl
ram............................ Rammbär
ram sounding................... Rammsondierung
recovery device .... Abfangvorrichtung
reinforcement................... Bewehrung
reinforcement cage .... Bewehrungskorb
rig............................. Ausrüstung
rivet .... Niete
roller bit .... Rollenmeißel
rope .... Seil
rotary drilling .... drehendes Bohrverfahren
rotary drilling rig .... Drehbohrgerät
sand pump .... Kiespumpe
scour.......................... wegschlemmen
scribing device .... Schreiber
seat .... Sitz
segregation .... Entmischung
shell .... Hülse, Gerüst
shell-less .... unverrohrt
situ-cast....................... Ortbeton
skin........................... Mantel
skin grouting .... Mantelverpressung
skin friction .... Mantelreibung
skirted rock bit .... Rollenmeißel
sleeve .... Muffe
slenderness .... Schlankheit
sludge pump.................... Saugpumpe
slump .... stürzen
slurry .... Schlämme, Stützflüssigkeit
slurry trench.................... Schlitzwand
socket .... Sockel, Hülse, Muffe
soil-exploration .... Bodenerkundung
splice .... Verbindungsstoß
split type auger .... Klappschnecke
split type drilling bucket........... Drehboden-Klappschnecke
spud .... kurzer Spaten
stem .... hindern
step-taper .... Teleskopierung
stop pipe .... Abschalrohr
subs .... Übergänge
suction drilling.................. Saugbohrverfahren
taper.......................... Verjüngung
telltale .... Anzeiger
tension pile .... Zugpfahl
ties .... Bewehrungsbügel
tie-back .... Anker
tip............................ Spitze
Tremie method .... Kontraktorverfahren
trip .... Fahrt
tube extracting equipment .... Rohrziehgerät
uncased .... unverrohrt
underpinning .... unterfangen
underreamer.................... Unterschneider
uplift .... Auftrieb
vibratory driver................. Vibrationsramme
water jet nozzle................. Wasserstrahldüse

winch .... Winde
wire line coring .... Seilkernbohren
working clearance .... freie Arbeitslänge

Wörterbuch Deutsch — Englisch

Deutsch	Englisch
Abfangvorrichtung	recovery device
Abschalrohr	stop pipe
Amboß	anvil
Andruck	pulldown
Anker	tie-back
anlegen (bei Schiffen)	berth
Antriebsmotor	primemover
Anzeiger	telltale
Arbeitslänge, freie	working clearance
Auftrieb	uplift
Auslenkung	deflection
Ausrüstung	rig
Backenmeißel	jaw bit
Baggeranbaugerät	crane mounted drilling, crane attachment equipment
Betonierhof	casting yard
Betonschüttrohr	concrete tremie pipe
Bettungsziffer	modulus of subgrade reaction
Bewehrung	reinforcement
Bewehrungsbügel	ties
Bewehrungskorb	reinforcement cage
Bodenerkundung	soil-exploration
bohren	drilling
Bohrbagger	cable crane
Bohrer	auger
Bohrklein	cuttings, muck
Bohrkrone	bit
Bohrkrone	drill bit
Bohrloch	borehole
Bohrpfahl	caisson, bored pile, drilled pier
Bohrpfahl mit Fußerweiterung	belled pile
Bohrschappe	drill bucket
Bohrturm	folding mast
Dalbe	dolphin
Doppelkernrohr	double tube core barrel
Doppelrohr	duo-tube
Dorn	mandrel
Drehboden-Klappschnecke	split type drilling bucket
Drehbohrgerät	rotary drilling rig
Drehkopf	power swivel
Drucksondierung	cone penetration test
Einschnürung	necking
Entmischung	segregation
erhärten (Beton)	cure
Erschütterung	quake
Erweiterungsmeißel	hole opener
Flachmeißel	flat bit
Fallhammer	drop hammer
Fallmeißel	chopping bit
Fertigbetonpfahl	precast concrete pile
Fingerbohrkrone	finger bit
Flansch	flange
fußverpreßter Pfahl	grouted base pile
Gegenstrombohrverfahren	counterflush drilling
Geländeoberkante	grade, platform level
Großbohrpfahl	drilling caisson
hacken	hook

Haubenblock	capblock
Hebung	heave
hindern	stem
Hohlbohrschnecke	hollow stem auger
Hülse	shell
Imloch-Hammer Bohren	percussion drilling
Kelly Stange	Kelly bar
Kernbohrkrone	coring bit
Kernbohrung	core drilling
Kernrohrschappe	core barrel auger bit
Kiespumpe	sand pump
Klappschnecke	split type auger
Knicken	buckling
Kolbenpumpe	piston pump
Kontraktorverfahren	Tremie method
Kreiselpumpe	centrifugal pump
Kreuzmeißel	cross bit
Last, planmässige	design load
Lotabweichung	rake
Lufthebebohren	air-lift drilling
Luftporenbeton	air-entrained concrete
Mantel	skin
Mantelverpressung	skin grouting
Mantelreibung	skin friction
Mast	pole
Meßbolzen	benchmark
Muffe	sleeve
Negative Mantelreibung	downdrag, negative skin friction
Niete	rivet
Ortbeton	situ-cast
Ortbetonpfahl	cast-in-place pile
Pfahl, horizontal belasteter	laterally loaded pile
Pfahl, schwebender	floating pile
Pfahlfußerweiterung	pedestal
Pfahlkopf	butt
Pfahlkopfplatte	pile cap
Pfahlneigung	batter
Pfahlschuh	driving point
Pfeiler	pier
Polster	cushion
Rammbär	monkey, ram
Rammhaube	pile cap, helmet
Rammpfahl	driven pile
Rammsondierung	dynamic probing test, ram sounding
Reibungspfahl	frictional pile
Rohrziehgerät	tube extracting equipment
Rollenmeißel	skirted rock bit, roller bit
Saugbohrverfahren	suction drilling
Saugpumpe	sludge pump
Schlammbüchse	bailer
Schlankheit	slenderness
Schlauch	hose
Schlauchtrommel	hose drum
Schlitzgreifer	diggin grab
Schlitzwand	diaphragm wall, slurry trench
Schlitzwandmeißel	diaphragm wall chisel
Schneckenbohrer	flight auger
Schneckenbohrpfahl	continuous flight auger pile
Schrägpfahl	raked pile
Schreiber	scribing device
Schwerstange	drill stem

Seil	rope
Seilkernbohren	wire line coring
Seilschlagbohrencable	tool percussion
Seilwinde	hoisting drum
Senkhammerbohren	dth hammer drilling
Sitz	seat
Sockel, Hülse, Muffe	socket
Spaten	spud
Spitze	tip
Spitzendruck	base pressure
Spitzendruckpfahl	end bearing pile
spülen	flush
Spühlbohrverfahren, direktes	direct circulation drilling
Spülbohrverfahren, drehendes	down hole rotary drilling
Spülbohrverfahren, schlagendes	down hole hammer drilling
Spülpumpe	mud pump
Stapel	piling
Stoßbüchse	percussion bailer
Stoßwekzeug	chopping bucket
Strahlsaugbohrverfahren	jet drilling
stürzen	slump
Stützflüssigkeit	slurry, drilling mud
Teleskopierung	step-taper
Tonschneide	clay cutter
Trockendrehbohrverfahren mit Verrohrung	cased drilling by augering
Übergänge	subs
Unterfangung	underpinning
Unterschneider	underreamer
unverrohrt	shell-less, uncased
Ventilklappe	flap valve
Verbindungsstoß	splice
Verjüngung	taper
Verlorene Spitze	expendable shoe
Verpreßgut	grout
Verrohrung	casing, liner
Verrohrungsgerät	casing unit
Verrohrungsmaschine	casing reel
Vibrationsramme	vibratory driver
Vor-der-Wand-Pfahl	front-of-wall-pile
Voreilung	leads
Vorschub	feeding chain pulldown
Wasserstrahldüse	water jet nozzle
wegschlemmen	scour
Wendelbewehrung	pitch
Winde	winch
Zubehör	appurtenance
Zugpfahl	tension pile

Verzeichnis der Symbole und Abkürzungen

Symbol Bedeutung

A	Querschnittsfläche
API	Americal Petroleum Institute
A_F	Fußfläche
A_m	Mantelfläche
BRS	Betonrüttelsäulen
BSt	Betonstahl
CPT	cone penetration test
C_c	Kompressionsbeiwert
C_s	Schwellbeiwert
DGEG	Deutsche Gesellschaft für Erd- und Grundbau
DIN	Deutsche Industrie Norm
DMS	Dehnungsmeßstreifen
DPT	dynamic pile testing (dynamische Pfahlprüfung)
D_e	relative Lagerungsdichte
D_n	relative Lagerungsdichte
E	Elastizitätsmodul
EAU	Empfehlungen des Ausschußes für Ufereinfassungen
EI	Biegesteifigkeit (E-Modul × Trägheitsmoment)
E_s	Steifemodul (aus Ödometerversuch)
E_s	Elastizitätsmodul von Stahl
GOK	Geländeoberkante
GW	Grundwasser
H	Horizontallast
HDI	Hochdruckinjektion
HW	Hochstrasser-Weise
Hz	Hertz $[\text{s}^{-1}]$
H_g	Grenz-Horizontallast
I	Trägheitsmoment
ISSMFE	International Society for Soil Mechanics and Foundation Engineering
I_c	Konsistenzzahl
I_p	Plastizitätsindex
I_v	Zähigkeitsindex
K	Seitendruckverhältnis σ_h/σ_v
K_0	Erdruhedruckbeiwert
K_a	aktiver Erddruckbeiwert
K_{ah}	Horizontalanteil des aktiven Erddruckkoeffizienten
K_c	Tragfähigkeitsfaktor nach Brinch Hansen
K_p	passiver Erddruckbeiwert

K_q	Tragfähigkeitsfaktor nach Brinch Hansen
L	elastische Länge
M	Biegemoment, Torsionsmoment
MV-Pfahl	Müller Verpreßpfahl
N_c	Tragfähigkeitsfaktor (siehe Grundbruchformel)
N_q	Tragfähigkeitsfaktor (siehe Grundbruchformel)
N_{qg}	Tragfähigkeitsfaktor
OCR	Überkonsolidierungsverhältnis (overconsolidation ratio)
P_k	Knicklast
Q	Pfahllast
$Q(x)$	Querkraft (bei horizontal belasteten Pfählen)
Q_{NM}	negative Mantelreibungskraft
Q_m	Mantelkraft
Q_{mg}	Grenz-Mantelkraft
Q_r	rechnerische Gebrauchslast
Q_s	Spitzenkraft
Q_{sg}	Grenz-Spitzenkraft
SOB-Pfahl	Schneckenortbetonpfahl
SPT	standard penetration test
U	Ungleichförmigkeitsgrad
V	Aufprallgeschwindigkeit
Z	Impedanz
a	Pfahlachsabstand
c	Wellengeschwindigkeit
c_a	Adhäsion
c_i	Steifigkeit des Pfahls Nr. i
c_u	undränierte Kohäsion
d	Pfahldurchmesser
dB	Dezibel
d_a	Außendurchmesser
d_F	Pfahlfußdurchmesser
d_i	Innendurchmesser
e	Porenzahl
f_s	Strömungskraft
h'	Betonüberdeckung
j_c	CASE Dämpfungsfaktor
k	Bettungsmodul [Kraft/Länge^2]
k^*	Bettungsmodul [Kraft/Länge^3]
l	Pfahllänge
l_k	Knicklänge
m	Masse

n	Porenvolumen
n_{10}	Schlagzahl für 10 cm Eindringung
n_{30}	Schlagzahl für 30 cm Eindringung
p	Streckenlast
p_f	Fließdruck
q	Eigengewicht kN/m
q_s	Sondierspitzendruck
q_u	einaxiale Druckfestigkeit
r	Radius
s	Setzung
stgm	steigende Meter (Längeneinheit bei Bohrungen)
s_0	Setzung des Einzelpfahls
s_{el}	elastische Setzung
s_k	Knicklänge
t	Zeit, Wandstärke
v	Geschwindigkeit
w	Wassergehalt
w_P	Wassergehalt an der Ausrollgrenze
w_L	Wassergehalt an der Fließgrenze
w_{max}	maximaler Wassergehalt
x	horizontale Auslenkung
x_0	horizontale Pfahlkopfauslenkung
z	Tiefenkoordinate
z_F	Tiefe des Pfahlfußes
z_c	kritische Tiefe
α	Verhältnis Adhäsion/Kohäsion
α_l	Beiwert für Gruppenwirkung
α_{qa}	Beiwert für Gruppenwirkung
α_{qz}	Beiwert für Gruppenwirkung
β	Verhältnis τ_{mg}/σ'_z
β_R	Rechenwert der Betonfestigkeit
β_s	rechnerische Streckgrenze des Stahls
δ	Reibungswinkel zwischen Pfahl und Boden, Wandreibungswinkel
η	Sicherheitsfaktor, Wirkungsgrad
γ	Raumwichte
γ_r	Raumwichte bei Sättigung
γ'	Auftriebsraumgewicht
λ	dimensionslose Pfahllänge
μ	Bewehrungsgrad
μ	Abminderungsfaktor der Kohäsion nach Bjerrum
$\bar{\mu}$	mechanischer Bewehrungsgrad

ω	Knickzahl
φ	Reibungswinkel
σ_h'	effektive Horizontalspannung
σ_s	Spitzendruck
σ_{sg}	Grenz-Spitzendruck
σ_v'	effektive Vertikalspannung
σ_z	Vertikalspannung
τ	Schubspannung
τ_f	Fließgrenze
τ_m	Mantelreibung
τ_{mg}	Grenz-Mantelreibung
ζ	dimensionslose Tiefenkoordinate

Stichwort-Verzeichnis

HÜTTE
Taschenbücher der Technik

Herausgeber: Wissenschaftlicher Ausschuß des Akademischen Vereins Hütte e. V.

29. Auflage

Bautechnik IV

Bandherausgeber: E. Cziesielski, Technische Universität Berlin

Konstruktiver Ingenieurbau 1: Statik

1988. XVI, 406 S. 320 Abb. Geb. DM 198,–
ISBN 3-540-18352-3

Inhaltsübersicht: Planungsablauf: Planung von Bauwerken. Gesetzliche Regelungen für die Bauplanung. Planungsablauf. – Baustatik: Einleitung. Stabtragwerke, lineare Theorie. Stabtragwerke unter erzwungenen ungedämpften Schwingungen mit harmonischer Anregung. Stabtragwerke bei nichtlinearem Materialverhalten. Theorie II. Ordnung. Lineare Plattentheorie. Lineare Scheibentheorie. Lineare Schalentheorie. Faltwerke. Torsion von Stäben. Allgemeine Spannungszustände und Profilverformung von Stäben mit polygonalen dünnwandigen Querschnitten. – Die Methode der Finiten Elemente in der Baustatik: Einführung. Elementformulierungen. Elementierung und Wahl der Elemente. Kontrollen. Nichtlineare Probleme. – Modellstatik: Einführung. Modellgesetze. Erweiterte und angenäherte Ähnlichkeit. Modellgesetze für spezielle Fälle. Modellwerkstoffe. Analogietechnik. Meßtechnik. – Sachverzeichnis.

Bautechnik V

Bandherausgeber: E. Czielsielski, Technische Universität Berlin

Konstruktiver Ingenieurbau 2: Bauphysik

1988. XI, 270 S. 186 Abb. Geb. DM 198,–
ISBN 3-540-18351-5

Inhaltsübersicht: Bauphysik: Wechselwirkungen zwischen Bauphysik und Baukonstruktion. Wärmeschutz. Feuchteschutz. Abdichtung von Bauwerken. – Schallschutz. Baulicher Brandschutz. – Zur Geschichte der Bauingenieurkunst: Baukunst und Bautechnik. Aufgabe des Ingenieurs. – Das Geburtsjahr des modernen Bauingenieurwesens: 1743. Die Vorgeschichte der Bauingenieurkunst. – Sachverzeichnis.

Die vier HÜTTE-Bände BAUTECHNIK IV – VII haben zum Ziel, das Grundlagenwissen im konstruktiven Ingenieurbau zusammenfassend und gestrafft darzustellen.

Dieses Wissen ist erforderlich, um sowohl aktuell baupraktische Aufgaben zu lösen, als auch um bautechnische Neuentwicklungen sachkundig und kritisch beurteilen zu können.

Springer-Verlag
Berlin Heidelberg New York London Paris Tokyo Hong Kong

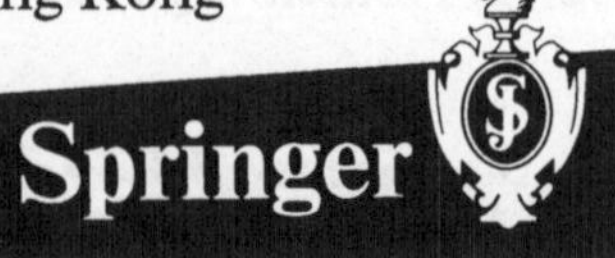